● 電気・電子工学テキストライブラリ ●
USE-A1

# 電気電子工学入門
## 電磁気現象の理解から機能の実現へ

### 久門尚史

数理工学社

# 編者のことば

　20 世紀後半以後の工学領域の進展は，人々に利便性をもたらし，従来の生活を大きく変化させてきました．しかし工学には，新たなパラダイムとして［社会生活の知恵］としての面を併せもつことも要請されています．したがって，工学技術の高度な進展に伴い，益々その論理性・社会との共生が強く求められてきています．

　たとえば，建築物・土木構造物においては，自然と調和した環境づくりや景観美が重視され，機械・電気・電子機器等においても「人間にやさしく使い易い機能と美しさ」が追求されています．さらに教育方法論の面からは工学の未来を切り拓くための「創造性工学（engineering design）教育」をどのように実施していくか，大きな課題といえます．また，現在の工学教育（特に基礎的科目）を考えたとき，先端の工学技術との関わりを強く意識するなど今後の電気・電子工学教育のニーズに合った使い易くわかり易い書籍の出版が望まれています．

　このような観点から本「電気・電子工学テキストライブラリ」は，「電気電子基礎・専門」「電気工学」「電子工学」分野における従来の伝統的工学の枠組みを尊重しつつも，再生可能エネルギー，自動運転，電気自動車，スマートフォン，AI，Big Data，IoT など最新の知見の流れを取り入れ，創造性教育などにも配慮した電気・電子工学基礎領域全般に亘る新鮮な書を目指し，時代の要請に応える電気・電子基礎書目の体系的構築を図ったものです．それゆえ，電気・電子工学について通暁された著者の周到な配慮のもとに，使い易くわかり易く構成されたテキストとなっています．ライブラリ全般に亘って理解を助ける有効な手段として，できるだけ具体的な問題から例題や演習問題を作り，その解答についても少し詳しく説明することに加え，CG 等も随所にとりいれています．本ライブラリは基礎的知識習得のための十分な内容を網羅しており，電気・電子工学科の学生だけでなく，工学系全般の学生諸君にも役に立ち得るものと考えています．最先端の技術も基礎学問を土台に年月をかけて積み上がってきたことを鑑みると，大学で基礎をしっかりと身につけて土台を確固たるものにし

ておけば，あとの応用，開発，研究など必要な専門知識は社会に出てからでも
各自で学ぶことに躊躇しないで済むと確信しています．その意味でも本ライブ
ラリが基礎を身につけるには最適なテキストであり，学生諸君が熟読し理解を
深められ，将来に向けての研究，技術開発の手助けとなれば幸いです．

2022 年 1 月

編者　辻　幹男
　　　出口博之

| 「電気・電子工学テキストライブラリ」書目一覧 | |
| --- | --- |
| **電気電子基礎・専門** | **電子工学** |
| 1　電気電子工学入門 | 1　通信工学のための信号処理 |
| 2　電気回路 | 2　電子デバイス |
| 3　電気磁気学 | 3　伝送線路論 |
| 4　振動と波動 | 4　電磁波工学 |
| 5　電気電子数学基礎 | 5　光エレクトロニクス |
| 6　電気電子計測 | 別巻 1　電気回路演習 |
| 7　電気電子材料 | 別巻 2　演習で学ぶ 電気磁気学 |
| 8　アナログ電子回路 | 別巻 3　制御工学演習 |
| **電気工学** | |
| 1　過渡現象論 | |
| 2　電気エネルギー工学 | |
| 3　電気機器学 | |
| 4　制御工学 | |
| 5　パワーエレクトロニクス | |
| 6　電力システム工学 | |
| 7　高電圧工学概論 | |

# まえがき

　世界は情報ネットワークで結ばれ，AIが人間の社会にも取り入れられてきています．また，エネルギーネットワークにおいても，再生可能エネルギーが社会に浸透し，持続可能な世界が広まりつつあります．電気電子工学がこのような情報やエネルギーに関する現代社会を支える基盤となる中で，専門家でなくても学校や仕事で電気電子工学の知識が必要となったり，日々の生活の中で知っておくと便利な場面に遭遇すると思います．例えば，高校の探究活動や大学の課題解決型学習（PBL）であったり，様々な分野の研究や試作，農業や製造業のDX（デジタルトランスフォーメーション）化など，簡単な電気回路の知識があれば，活動の幅が広がるのではないでしょうか．本書はこのような読者が，電気の物理現象を利用して機能が実現されるまでの仕組みを学び，実際に作れるようになることを目指しています．

　電気電子工学に関係した本としては，機能の概要を学ぶもの，理論を学習するもの，実際に物を作ることを目指したものなど多数出版されています．このテキストは，高校の物理の知識から出発し，微分方程式や複素数についての予備知識がなくても，回路の現象と結び付けながら少しずつ学びを進めることで，無理なく電気電子工学の基礎から実際の回路の設計までを学べるように構成されています．したがって，機械系や生物系などの分野を学ぶ人にとっても，センサによる計測や，ロボットなどを作るために必要な基礎知識を身につけられます．また，電気電子工学においても，主に電気システムやエネルギーを扱う電気工学，主にエレクトロニクスを扱う電子工学に加えて，主にソフトウェアを扱う情報工学などがあります．それらの分野に進む人にとっては，それらの基礎を提供すると同時に，今後に学ぶ幅広い分野への道案内にもなることを目指しています．テキストの執筆にあたっては次のような点に注意しました．

- 高校の数学と物理のみを前提に，複素数と微分方程式を少しずつ使いながら，物理現象を理解する方法を丁寧に組み立てました．電気現象は目に見えない場合が多いですが，これらの道具を使うことで深い理解が得られ，そ

## まえがき

の他の物理現象や数理へのアナロジーなども生まれることを念頭に置きました. 既に他の分野においてこれらの数学的な知識をもっている人にとっても, 電気電子工学としてのものの見方が自然に身につけられます.

- 理論だけでなく, 実際に物を作ることで理解は深まります. その場合, 回路シミュレータや簡単な計測器は便利なツールになります. また, 得られたデータは, 情報やデータ科学などの学習にも利用できます. テキスト中で利用した回路シミュレータの SPICE ファイルや参考資料などは数理工学社のサポートページ上で公開していますので, https://www.saiensu.co.jp/ にアクセスください. なお, 使用した SPICE の仕様から, 回路シミュレータの回路図については旧 JIS 対応のものになっております.

- 身のまわりでよく使われている機能を扱うことで, 探究活動や PBL などの創造的な学習でも利用しやすい話題を提供しています. 具体的な内容については第 1 章で詳しく紹介していますので, ぜひご覧ください.

- 大学における講義を想定して 14 章で構成していますが, 講義の目的に応じて内容を取捨選択できるようにも配慮しました. 例えば, 電子回路に重点を置く場合は第 9 章まで学んだあとに第 12 章に進むこともできます.

本書をきっかけに電気電子工学に興味をもっていただければ幸いです.

本書の執筆におきましては, 数多くの方に様々の面においてご協力いただきました. まず, 執筆のチャンスを頂き, 貴重なご意見を頂きました辻幹男先生, 出口博之先生には心より御礼申し上げます. また, 本書のきっかけとなる電気電子回路演習をサポートいただいた木本恒暢先生をはじめ, 下田宏先生, 蛯原義雄先生, 青木学聡先生, 木村真之先生とは日頃から楽しい議論をさせていただき, 本当にありがとうございました. 最後に, 遅々として進まない原稿執筆に対して忍耐強くお待ちいただき, 丁寧な校正を重ねてくださった, 数理工学社・田島伸彦氏, 鈴木綾子氏, 仁平貴大氏に, 感謝申し上げます.

2024 年 6 月

久門　尚史

# 目　　次

## 第 1 章

# 電気電子工学の世界　　1

1.1　社会を支える電気電子工学 ・・・・・・・・・・・・・・・・・・・・・・・・・　1

1.2　回路の分類 ・・・・・・・・・・・・・・・・・・・・・・・・・・・・・・・・・・・・・・　3

1.3　電気の物理的性質 ・・・・・・・・・・・・・・・・・・・・・・・・・・・・・・・・　5

1.4　機能を実現する仕組み ・・・・・・・・・・・・・・・・・・・・・・・・・・・・　7

1.5　物理と機能を結び付ける考え方 ・・・・・・・・・・・・・・・・・・・　11

1.6　機能を実現してみよう ・・・・・・・・・・・・・・・・・・・・・・・・・・・・　12

1 章の演習問題 ・・・・・・・・・・・・・・・・・・・・・・・・・・・・・・・・・・・・・・・　12

## 第 2 章

# キルヒホッフの法則　　13

2.1　回 路 素 子 ・・・・・・・・・・・・・・・・・・・・・・・・・・・・・・・・・・・・・・　13

2.2　ネットワーク ・・・・・・・・・・・・・・・・・・・・・・・・・・・・・・・・・・・・　14

2.3　キルヒホッフの電流則 ・・・・・・・・・・・・・・・・・・・・・・・・・・・・　16

2.4　キルヒホッフの電圧則 ・・・・・・・・・・・・・・・・・・・・・・・・・・・・　17

2.5　独 立 電 源 ・・・・・・・・・・・・・・・・・・・・・・・・・・・・・・・・・・・・・・　18

2.6　ス イ ッ チ ・・・・・・・・・・・・・・・・・・・・・・・・・・・・・・・・・・・・・・　19

2.7　論理演算の仕組み ・・・・・・・・・・・・・・・・・・・・・・・・・・・・・・・・　20

2 章の演習問題 ・・・・・・・・・・・・・・・・・・・・・・・・・・・・・・・・・・・・・・・　23

目　　次　　　　　　　**vii**

**第3章**

# 直 流 回 路　　　　　　　**25**

3.1　オームの法則 ······································· 25

3.2　合 成 抵 抗 ······································· 26

3.3　テブナンの等価電源 ································ 28

3.4　回路方程式 ········································ 30

3.5　電　　　　力 ····································· 32

3.6　ダイオード ········································ 34

3.7　整 流 回 路 ······································· 35

3章の演習問題 ········································· 36

**第4章**

# 回路の微分方程式　　　　　　**37**

4.1　物理現象と微分方程式 ····························· 37

4.2　キャパシタ（コンデンサ） ························ 38

4.3　インダクタ（コイル） ···························· 40

4.4　回路の変数の関係 ································· 42

4.5　1階の微分方程式の例 ····························· 43

4.6　2階の微分方程式の例 ····························· 44

4章の演習問題 ········································· 47

**第5章**

# 簡単な過渡現象　　　　　　　**49**

5.1　1階の微分方程式の解 ····························· 49

5.2　キャパシタの放電 ································· 51

5.3　指数関数の複素化 ································· 54

5.4　2階の微分方程式の解 ····························· 56

5章の演習問題 ········································· 61

viii　　　　　　　　　　　目　　次

## 第6章

## 直流電源を含む回路の過渡現象　　　　　　　　　　　62

　6.1　非同次式と同次式の関係 ······················ 62

　6.2　非同次方程式の解 ··························· 64

　6.3　インダクタによる昇圧 ······················· 66

　6.4　DC–DC コンバータ ························· 69

　6 章の演習問題 ···························· 72

## 第7章

## 交流電源を含む回路の過渡現象　　　　　　　　　　　74

　7.1　複素数表現を用いた解 ······················· 74

　7.2　直列共振回路 ···························· 80

　7.3　特解と同次方程式の解の性質 ···················· 81

　7.4　変数の複素数表現 ·························· 82

　7.5　複素数表現の物理的解釈 ······················ 83

　7 章の演習問題 ···························· 84

## 第8章

## 交 流 回 路　　　　　　　　　　　85

　8.1　フ ェ ー ザ ······························ 85

　8.2　インピーダンス ·························· 86

　8.3　共 振 回 路 ···························· 88

　8.4　$Q$ 　　値 ····························· 90

　8.5　交流の電力 ···························· 92

　8.6　交流のエネルギー伝送 ······················· 94

　8 章の演習問題 ···························· 95

目　　次　　　　　　　　ix

# 第9章

## 周波数特性　　　　　　97

9.1　伝 達 関 数 · · · · · · · · · · · · · · · · · · · · · · · · · · · · · · 97
9.2　フィルタの接続 · · · · · · · · · · · · · · · · · · · · · · · · · 100
9.3　変圧器と結合係数 · · · · · · · · · · · · · · · · · · · · · · 103
9.4　ワイヤレスエネルギー伝送 · · · · · · · · · · · · · 106
9 章の演習問題 · · · · · · · · · · · · · · · · · · · · · · · · · · · 108

# 第10章

## 電 気 の 波　　　　　　110

10.1　寄 生 素 子 · · · · · · · · · · · · · · · · · · · · · · · · · · · 110
10.2　電 気 の 速 度 · · · · · · · · · · · · · · · · · · · · · · · · 112
10.3　電気の波の方程式 · · · · · · · · · · · · · · · · · · · · 114
10.4　波動方程式の解 · · · · · · · · · · · · · · · · · · · · · · 116
10.5　波の注入と反射 · · · · · · · · · · · · · · · · · · · · · · 118
10.6　交 流 の 波 · · · · · · · · · · · · · · · · · · · · · · · · · · 121
10.7　波の波長と回路の大きさ · · · · · · · · · · · · · · 124
10 章の演習問題 · · · · · · · · · · · · · · · · · · · · · · · · · 125

# 第11章

## 回路と電磁波　　　　　　127

11.1　ア ン テ ナ · · · · · · · · · · · · · · · · · · · · · · · · · · 127
11.2　回路と電磁気の物理量 · · · · · · · · · · · · · · · · 129
11.3　回路から放射される波 · · · · · · · · · · · · · · · · 132
11.4　波 の 干 渉 · · · · · · · · · · · · · · · · · · · · · · · · · · 136
11.5　波の送信と受信 · · · · · · · · · · · · · · · · · · · · · · 139
11 章の演習問題 · · · · · · · · · · · · · · · · · · · · · · · · · 141

## 第12章

### 回路の設計　142

12.1　実際の回路 ･･････････････････････････････ 142
12.2　ダイオードの特性 ･･････････････････････････ 144
12.3　トランジスタの特性 ････････････････････････ 146
12.4　回路シミュレータ ･･････････････････････････ 148
12.5　DC–DC コンバータの過渡解析 ･･････････････ 149
12.6　結合共振回路の AC 解析 ･･････････････････ 153
12 章の演習問題 ･･････････････････････････････ 155

## 第13章

### 増　　幅　157

13.1　増 幅 と は ･･････････････････････････････ 157
13.2　インピーダンス変換 ････････････････････････ 159
13.3　オペアンプ ････････････････････････････････ 162
13.4　増 幅 回 路 ･･････････････････････････････ 165
13.5　オペアンプの電源 ･･････････････････････････ 167
13.6　アナログ演算回路 ･･････････････････････････ 170
13 章の演習問題 ･･････････････････････････････ 172

## 第14章

### フィードバック　174

14.1　フィードバックとは ････････････････････････ 174
14.2　正帰還と負帰還 ････････････････････････････ 176
14.3　発 振 回 路 ･･････････････････････････････ 178
14.4　伝達関数に基づく考え方 ･･･････････････････ 180
14.5　周波数特性に基づく発振回路 ･･･････････････ 181
14.6　発振器の回路シミュレーション ･･････････････ 182
14 章の演習問題 ･･････････････････････････････ 184

| 目　　次 | xi |

## 付録 A　　電磁気学の基礎　　186

A.1　点電荷と電界 ···································· 186

A.2　線電流と磁界 ···································· 187

## 略　　解　　189

## 索　　引　　197

---

・本書に掲載されている会社名，製品名は一般に各メーカーの登録商標または商標です．

・なお，本書では $^{TM}$，® は明記しておりません．

サイエンス社・数理工学社のホームページのご案内

https://www.saiensu.co.jp

ご意見・ご要望は　suuri@saiensu.co.jp　まで．

**電気用図記号について**

本書の回路図は，JIS C 0617 の電気用図記号の表記（表中列）にしたがって作成したが，実際の作業現場や論文などでは従来の表記（表右列）を用いる場合も多い．参考までによく使用される記号の対応を以下の表に示す．

| | 新 JIS 記号（C 0617） | 旧 JIS 記号（C 0301） |
|---|---|---|
| 電気抵抗，抵抗器 | | |
| スイッチ | | |
| 半導体<br>（ダイオード） | | |
| 接地<br>（アース） | | |
| インダクタンス，コイル | | |
| 電源 | | |
| ランプ | | |

# 第1章

# 電気電子工学の世界

　電気電子工学は，電気的な物理現象を利用して，我々の社会の中で必要とされる機能を実現している．この物理現象と機能を結び付ける仕組みについて，回路の分類で整理するとともに，電気のもつ物理的性質を確認し，どのような仕組みで機能が実現されるか，この本の目指すところを紹介する．

## ▌ 1.1　社会を支える電気電子工学

　電気電子工学は，電磁気現象を利用して様々な機能を実現することを目指す学問であるが，身近にあるにもかかわらず，物理現象が直接目に見えないため，存在に気づいていない場合も多い．しかし，スマートフォンなどの情報通信機器，家庭までエネルギーを運ぶネットワーク，ロボットや電気自動車など，身のまわりのエネルギーや情報のインフラとして，電磁気現象は広く使われている．

　例えば，毎日のように使うインターネットを考えてみると，これは全世界に張り巡らされた電磁気現象である．電磁波や光の電磁気現象が空気中やケーブルの中を伝搬することにより，高速に情報を伝達する．また，ネットワーク上には大量の情報が電気的に蓄積されており，地図や映像コンテンツ，その検索など情報処理されたデータを我々は日々利用している．これらの情報処理はAI（人工知能）も含めて膨大な数のトランジスタによる電磁気現象により実行されるが，その制御もソフトウェアを用いてトランジスタにより実現されている．また，その回路には，それぞれの要求する電圧や電流を用いたエネルギー供給が不可欠である．そのようなエネルギー形態を作るのも回路であり，やはりソフトウェアにより制御された回路により実現されている．

　このように考えると，我々の人体が神経のネットワークを用いて情報をやり

とりし，血液のネットワークを用いてエネルギーを制御している仕組みと似ていると感じるかもしれない．実際，脳の情報処理も含めて大きな構成では類似点も多い．しかしその一方で，多様なハードウェア構成としては大きく異なる点も多く，それらを多角的に考えることは，人間とは何か，エネルギーとは何か，情報/通信とは何か，というような基本的な問について考え，新しい社会の仕組みを作っていくことへつながっていく．

　身のまわりの機器を操作する中で，計算機がどのような物理現象を利用して $1+1=2$ と計算するか，考えたことはあるだろうか．また，電池の電圧は化学的性質から決まるが，それを目的に応じてどのようにして上げたり下げたりするのか，その仕組みはわかるだろうか．今後，情報化社会はますます進化し，持続可能な社会へ進んでいく中で，電気電子工学が社会に浸透していくことを考えると，電気電子工学のものの見方に触れ，その仕組を知っておくことは，社会の仕組みや事象の因果関係を考える上でも重要になる．この教科書では，電気回路に注目することにより，基本的な物理現象とそれにより実現される機能の両方の視点から，電気電子工学の基本的な考え方を習得することを目的とする．

### ● サイバー空間に広がるロボットの世界 ●

　我々は毎日のようにインターネットを使ってメールのやり取り，映像・音楽の視聴などを行っているが，それらに対応して大量の情報がインターネットのトラフィックとして世界中を駆け巡っている．しかしこのような人間が直接利用するトラフィックは必ずしも多くない．現時点でもトラフィックの半分以上はインターネット上を情報収集しながら動きまわるロボットによるものである．また，我々の手元にあるデータの何倍ものデータが遠く離れたクラウド上に保管され，AI はそれをもとに学習している．このように，サイバー空間では既にロボットの方が大勢を占めている．

## 1.2 回路の分類

　電気回路は電気電子工学により実現される機器の設計に用いられ，物理的な電磁気現象をコンデンサやコイルなどの素子の中の現象に閉じ込めて利用しやすい形にしたものである．物理現象としての電磁気現象と，その現象を利用した機能の仕組みを考える上で，電磁気現象の簡単なモデルである電気回路は便利な枠組みを提供している．その電気回路の対象は，表 1.1 のように情報を扱うものとエネルギーを扱うものに大きく分けられる．また，その機能は，変換/処理，蓄積，伝送の 3 つに大きく分けられ，表の (A)〜(F) のように分類できる．

**(A) 情報の処理**　PC（Personal Computer）やスマートフォンのような回路は演算により情報を処理する回路である．情報処理を行うトランジスタの動作はプログラムで記述されるが，これもトランジスタで構成されたメモリ上に記憶され，それに基づいた電磁気現象により情報処理は実行される．このような数多くのトランジスタのスイッチによるディジタル情報処理に加えて，センサなどでは様々な物理量のアナログ情報処理が行われる．今後は，量子状態を用いた量子計算や生物の情報処理の発想に基づくニューラルネットワークを電磁気現象で実現する情報処理など，情報処理の考え方も大きく変わる可能性がある．

**(B) 情報の蓄積**　USB（Universal Serial Bus）メモリ，ハードディスクなどは情報を蓄える機能をもつ回路である．これらの回路において，情報は電荷の有無や磁性体の向きなどの物理的な状態に基づいて記憶されている．また，サイバー空間にある身近な情報も，物理的にはデータセンターなど遠く離れた場所に大量に蓄積されている．情報の蓄積では，その密度や電力消費，保存できる期間などが重要な要素となる．今後は量子的な状態による情報の蓄積など，情報の表現方法も多様化していく．

表 1.1　回路の分類

|  | 変換/処理 | 蓄積 | 伝送 |
|---|---|---|---|
| 情報 | (A) | (B) | (C) |
| エネルギー | (D) | (E) | (F) |

**(C) 情報の伝送** 通信用のケーブルや，無線 LAN（Local Area Network）などは，情報を伝送するための回路である．実際，LAN ケーブルなどは，電気信号が減衰せず形を保って伝わるように様々な工夫がされている．また，無線の場合も，電気信号を空中に飛ばすアンテナには電気回路から空間に電磁波を放出する仕組みが設計されている．世界に張り巡らされたインターネットも多数のこのような回路から構成されている．情報の伝送については，いかに高速に，正確に，漏洩無く届けるか，などの視点が重要になる．

**(D) エネルギーの変換** 交流を直流に変換する整流回路や，エネルギーの形態を変えるモータなど，身のまわりには多くのエネルギー変換器がある．光エネルギーを電気エネルギーに変換する太陽電池や，音の振動エネルギーを電気エネルギーに変換するマイクのような各種センサなども，エネルギーに注目するとエネルギー変換回路，信号に注目すると情報処理回路といえる．太陽光や振動，熱など環境に存在する様々なエネルギーを利用可能な形にすることはエネルギー収穫と呼ばれる．人間の五感に相当する視覚，聴覚，味覚，嗅覚，触覚センサに加え，人間には感じることのできない超音波，電波，紫外線，血糖値などを感知するセンサの利用が，今後も幅広く社会に浸透していくと考えられる．

**(E) エネルギーの蓄積** リチウムイオン電池や鉛蓄電池などは，エネルギーを蓄える回路である．スマートフォンを始めとするモバイル機器の広がりは，電池の進化無しには考えられない．今後は，電気自動車や再生可能エネルギーとも関連して，より多様なエネルギー蓄積方法やそれらの変換が社会に浸透し，社会のインフラとして重要になっていく．

**(F) エネルギーの伝送** 鉄塔で支えられた送電線や配線に使う電源タップなどはエネルギーを伝送する回路である．導線でつなぐだけで，大きなエネルギーを運ぶことができる．また，導線を用いないワイヤレス給電も広がっている．認証や決済などに使われる IC（Integrated Circuit）カードはエネルギー源をもたないため，使用する度にエネルギーを送って，それに基づき情報通信を行っている．このような仕組みをさらに発展させ，エネルギーと情報を組み合わせて機能を実現する**サイバーフィジカルシステム**が社会に浸透していくと考えられる．

## 1.3 電気の物理的性質

### 1.3.1 エネルギーの担い手

エネルギーは生物が生きていく上で不可欠なものである[†]．エネルギーの担い手は，力学的エネルギーや熱エネルギー，核エネルギーなど数多く存在するが，電気エネルギーは人類の生活におけるエネルギーの担い手として広く用いられる．その理由の1つは，電気のエネルギーが，モータにより力学的エネルギー，LEDにより光エネルギー，抵抗により熱エネルギー[‡]，といろいろなエネルギーに変換できることがあげられる．逆に力学的エネルギーは発電機により，光エネルギーは太陽電池により，電気エネルギーに変換できる．これらの変換が容易に効率良くできるのが電気エネルギーの特徴である．

また，エネルギーの伝送においても，導線を配置するだけでエネルギーを伝送できるために，運動エネルギーや位置エネルギーを利用するよりも，はるかに容易に，高速に輸送することができる[§]．蓄積に関しては，コンデンサによる電荷の蓄積やコイルによる磁束の蓄積だとエネルギー量が限られるため，リチウムイオン電池などの二次電池では化学反応を利用してエネルギーを蓄えている．また，エネルギー変換の容易性を利用して他のエネルギー形態が用いられることも多く，揚水式発電所ではモータを使って水を持ち上げ，水の位置エネルギーに変えてダム湖にエネルギーを蓄えている．

### 1.3.2 情報の担い手

現代の社会では大量の情報を扱っているが，これにも物理現象が利用されている．情報を処理するためには膨大な自由度をもつ高速な物理現象が必要なことは容易に想像できるが，現在の人工的な情報処理に用いられている物理現象は量子力学を含む電磁気現象が多い[¶]．その理由は次のように考えられる．

情報を処理するためには，大量の素子が高速に動作する必要があるが，そのた

---

[†]単位はジュール J であるが，ワット秒 W s，$kg\,m^2/s^2$ などとも表現できる．人間を含む生物は核エネルギーを除けばすべて太陽からのエネルギーを別のエネルギー形態に変える中で生きている．エネルギー形態の指標としてはエントロピーなどがある．
[‡]熱として利用する場合は，一旦力学的エネルギーに変換してからヒートポンプを利用した方が効率的である．
[§]1 kW の電力を運動エネルギーを利用して運ぶ場合，速度が 1 m/s だと 2 トンの質量が必要である．
[¶]生物の情報処理では電磁気現象の他にも多数の化学的な現象による情報処理が利用されている．

**6**　第1章　電気電子工学の世界

めには，電子の質量が小さいことも重要になる．つまり，電子を用いたスイッチ（トランジスタ）は機械的なスイッチよりも高速に動作することができると同時に，微細化することにより集積化が可能である[†]．実際，現在の集積回路では1000億の素子が毎秒10億回以上動作する．また，電気はほぼ光の速さで伝わるため，遠くへ速く情報を伝えることが可能である．このように，情報を扱う上でも電気は非常に扱いやすい性質をもっている．量子状態まで利用すると，状態の概念が拡張され，現在とは比較にならない，より大量の情報を並列的に扱うことができる．

---

### ● クーロン力と重力 ●

　我々が感じることができる力は電磁気の力と重力である[‡]．2つの電荷 $q$ の間に働くクーロン力 $F_\mathrm{E}$ と2つの質量 $m$ の物体間に働く重力 $F_\mathrm{G}$ は，ともに電荷や質量の2乗に比例し，距離 $r$ の2乗に反比例する力であるが，その係数が大きく違う．

$$F_\mathrm{E} = \frac{1}{4\pi\epsilon_0}\frac{q^2}{r^2}$$

$$F_\mathrm{G} = G\frac{m^2}{r^2}$$

係数を計算すると $10^{20}$ 倍ほど電気の力が大きいことがわかる．この違いは，電気の力の強さを表している．

---

[†] このようなディジタル信号による情報処理の他に，アナログ信号を用いた情報処理も電気回路では行われている．

[‡] 感じることができない力として原子核の中で働く力が存在する．

## 1.4 機能を実現する仕組み

情報の処理やエネルギーの変換の仕組みを知ることは，電気電子工学の考え方を学ぶことになる．次章以降で具体的な物理現象としての回路を扱う前に，いくつかの機能の考え方を紹介する．

● **計算の仕組み**　計算をするためには，まず数字を表現する必要がある．計算機の中では 0 と 1 だけで数を表現する 2 進数を使う．2 進数の 1 桁はビット（bit）と呼ばれる[†]．10 進数の

$$1 + 1 = 2$$

は 2 進数では

$$1 + 1 = 10$$

となる[‡]．もちろんそれ以外の入力の場合もあるので，全部書き下すと

$$0 + 0 = 00$$
$$0 + 1 = 01$$
$$1 + 0 = 01$$
$$1 + 1 = 10$$

となる．つまり，図 1.1 のように，2 つの 1 ビット入力 $A, B$ と，1 つの 2 ビット出力 $C_0, C_1$ をもつ計算となる．各変数に入力があったときの出力は表のようにまとめることができる[§]．

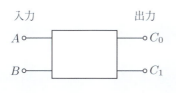

| $A$ | $B$ | $C_0$ | $C_1$ |
|---|---|---|---|
| 0 | 0 | 0 | 0 |
| 0 | 1 | 0 | 1 |
| 1 | 0 | 0 | 1 |
| 1 | 1 | 1 | 0 |

図 1.1　$1 + 1 = 2$ を計算する回路の入出力

---
[†] 量子計算では量子状態（quantum state）を用いるため q-bit といわれる．
[‡] 10 進数をよく用いるのは，人間の指が 10 本あることによる習慣にすぎない．
[§] 真理値表という．

**8**　　　　　　　　　第 1 章　電気電子工学の世界

これを回路を用いて計算する場合は，例えば 2 進数の 0 を 0 V，1 を 1 V というように物理量と対応させる．あとは，この入出力関係を回路で実現すれば良いが，このような入出力関係はスイッチがあれば実現できる．つまり，ディジタルの計算はスイッチを用いて回路の接続関係を変化させることで，入力から出力への写像を実現する．第 2 章ではそのような論理演算の回路を紹介する．

● **直流の電圧変換の仕組み**　　エネルギーを伝送することは，直流でも交流でも，それ以外の任意の波形でも行うことができるが，電池は化学的な反応で実現されるため，一定の電圧である．電池と抵抗からなる直流回路では，電池の電圧より大きな電圧は出せない．また，下げる場合も抵抗を使うと電力消費が発生する．このように，直流のエネルギーを扱う上で，電圧を上げ下げすることは昔は難しかった．

本来電圧の上げ下げは，エネルギーが必要な操作ではない．交流では電磁誘導を使った変圧器で容易に電圧を上げたり下げたりできるため，交流の電力ネットワークがインフラとして整えられた[†]．しかし，現在では直流の電圧も容易に上げ下げできるようになっている．その仕組みは高速にスイッチの開閉を繰り返すことで実現できる．損失の少ないスイッチはエネルギー変換のためにも重要な素子であり，ソフトウェアによる自由度の高い制御も可能になっている．第 6 章ではそのような回路の仕組みを紹介する．

● **交流の電力伝送の仕組み**　　発電所から各家庭へのエネルギーの伝送には交流が用いられている．交流の場合は電流の向きも 1 周期の間で交互に入れ替わるため，一見どの向きにエネルギーが流れているかわかりにくい．直流の場合は，電圧の高いところから低いところに電流が流れる．つまり，電位差に基づいて電流が流れることでエネルギーの伝送が実現される．交流は何の差でエネルギーを伝送するのであろうか．交流でエネルギーが流れる仕組みについては第 8 章で考える．

---

[†]19 世紀に行われたエジソンとテスラによる直流か交流かという熾烈な競争の結果，交流のネットワークが構築された．

## 1.4 機能を実現する仕組み    **9**

● **信号処理の仕組み（フィルタ）**    電圧や電流によるアナログ量の信号の情報処理には，入力から信号を入れると出力から処理された信号が出力されるフィルタ回路が用いられる．例えば，特定の周波数を強調したり，減衰させたりする音響機器のイコライザはこのような機能をもつ．より一般には入力に対して，周波数ごとに異なる機能をもたせて出力させるという形をとり，多くの信号処理に用いられる．このような回路の仕組みについては第9章で考える．

● **ワイヤレス給電の仕組み**    変圧器のように交流において相互誘導を利用すると，直接導線で結ばなくてもエネルギーを伝えることができる．しかし，この原理では導線の間の結合が大きくないといけないので，エネルギーを伝送するためには，極めて近傍に配置する必要がある．ある程度距離があってもワイヤレスでエネルギーを伝送するためにはどのような方法が考えられるだろうか．共振という現象と組み合わせてエネルギーを送ることで，結合が小さい回路の間でも効率的に伝送する仕組みが現れ，急速に広まっている．この話題を第9章で扱う．

● **電気が流れる仕組み**    直流の電流 $I = 1\,\mathrm{A}$ は1秒間に1Cの電荷が導体の断面積 $S$ を通過することをいう．これは次のように書ける．

$$I = enSv$$

ここで，

$$e = 1.6 \times 10^{-19}\,\mathrm{C}$$

は電気素量，$n$ は電子の体積密度である．例えば，直径1mmの銅線として

$$nS = 0.6 \times 10^{23}\,/\mathrm{m}$$

とすると，1Aのときの電子の速度は

$$v = 0.1\,\mathrm{mm/s}$$

となる．これは本当に電気の流れる速さだろうか？　電気が流れる速度やその仕組みは，単純に見えて難しく，これまでの回路の考え方を拡張する必要がある．第10章では電気の流れる速さを考え，その仕組みを利用したレーダについても紹介する．

**10**　　　　　第 1 章　電気電子工学の世界

● **電磁波を作る仕組み（アンテナ）**　通信やエネルギー伝送に使われる電磁波は電界（電場）や磁界（磁場）の波であり，回路中の電子が振動することで放出される．電磁波の磁界や電界は，電磁誘導の磁界やコンデンサの中の電界と異なるのだろうか．水面の波や音波，光波とは異なるのだろうか．また，どのようにして空中に放たれ，受信されるのだろうか．無線通信では不可欠になるアンテナについては第 11 章において紹介する．

● **信号を大きくする仕組み（増幅）**　センサで計測した信号などは微弱なものが多く，そのまま利用することは難しい．例えば，マイクを用いると音である空気の振動が電気信号に変換されるが，それをそのままスピーカにつないでも音は鳴らない．耳で聞こえるようにするためにはその電気信号にエネルギーを与え，増幅する仕組みが必要になる．このような増幅の基本的な仕組みについては第 13 章で考える．

● **振動を作り出す仕組み（発振）**　電気回路では振動現象が重要な役割を担っている．計算機ではクロックと呼ばれる矩形波に応じて計算が実行され，アンテナでは正弦波の振動を利用して電磁波を放射する．このような振動現象はどのようにして発生させるのだろうか．電気回路では，直流を加えるだけで振動する電圧や電流を作る仕組みとして発振が知られている．これは一旦得られた出力をもう一度入力にフィードバックすることで振動を作り出しており，レーザー光や人体の心臓の鼓動などの仕組みも同じである．第 14 章ではそのようなフィードバックの仕組みを考える．

## 1.5 物理と機能を結び付ける考え方

　目に見えない電気回路における物理現象をその機能と結び付けるためには，数学的な記述が有用になる．電気電子工学では，以下に示すような微分方程式による現象の記述や複素数の利用により，現象を見通し良く議論できるようになっている．

● **物理現象と微分方程式**　自然における物理現象は微分方程式を用いて記述できる[†]．微分方程式の解として現象を理解することで，それを用いた機能を設計し，実現することが可能になる．第4章ではコンデンサやコイルを含んだ回路について，微分方程式を用いて表現する方法を紹介し，続く第5章から第7章ではその解法を学ぶ．

● **複素数を用いた物理量の表現**　複素数は一見とらえどころが無いように感じるかもしれないが，物理現象は複素数を用いることで，その構造を明確にとらえることができる．第5章では微分方程式の解として，複素数の有用性を示し，第7章では交流電源の扱いを通して，複素数を用いた信号表現を学ぶ．第8章以降ではそれを利用して電磁気現象を考える．

　微分方程式や複素数の数学的な見方になじみが無くても，物理的な振舞や考え方を身につけると，徐々にわかるようになる．初めはハードルが高いと感じるかもしれないが，高校の数学や物理の知識さえあれば，この教科書だけで学べるように構成されている．

---

[†]電磁気現象だけでなく，量子力学や相対論も微分方程式により記述される．

## 1.6 機能を実現してみよう

電気電子工学を学ぶと 1.2 節や 1.4 節において紹介した仕組みを理解できるだけでなく，回路部品を用いて容易に様々な機能が実現できるようになる．ロボットや生物実験，機械学習など幅広い研究や探究活動，製品の試作などにおいても，電気電子工学の知識を利用することで自ら設計することにより，適切な形で機能を実現することができる．しかし，そのような設計を実現するためには，具体的な回路パラメータを適切に選ぶことが重要になる．

この仕組みの理解からリアルな物理現象の実現へのギャップを埋めるための便利なツールとして第 12 章において紹介する回路シミュレータがある[†]．回路シミュレータは現象の理解だけでなく，部品のパラメータ設定や，実際に回路を動作させたときの問題点を見つけることなどにも役に立つ．

最近では PC と接続することにより簡単に電圧波形を観察できたり任意波形を出力できたりする装置が安価に手に入る[‡]．また，簡易なマイコンや CPU ボード[§] を利用するとプログラムにより様々な機能を実現する回路の制御が可能になる．この教科書の第 12 章以降では，これらの装置を用いて自分で考えた機能を実現する回路の試作ができるようになることを目指しているので，ぜひ挑戦してほしい．

## 1 章の演習問題

☐ **1.1** 表 1.1 の (A)〜(F) に入る回路の例を述べよ．

☐ **1.2** 電気エネルギーとそれ以外のエネルギーを変換する装置の例を述べよ．変換にはどのような物理現象を利用し，その変換効率はどの程度か．

☐ **1.3** 身のまわりの回路について，その仕組みを考えてみよ．どのような現象を利用してどのような機能を実現しているか．

---

[†]LTspice など無料で使えるものも多い．

[‡]例えば Analog Discovery など．

[§]例えば Micro:bit, Raspberry Pi など．

# 第2章

# キルヒホッフの法則

　電気回路においては，回路素子がネットワークを構成することで，機能を実現する．そのときに，電圧と電流という対の物理量の性質が重要になる．ここでは，流れを特徴付けるキルヒホッフの電流則，節点電位を特徴付けるキルヒホッフの電圧則を紹介する．また，ネットワーク構造を変化させる制御スイッチを導入することにより，入力の電位に応じて出力の電位を制御し，現在の計算機の基本である論理演算が実現できることを紹介する．

## 2.1 回路素子

　電気回路では様々な役割を担う素子がネットワークを構成することにより，目的の電磁気現象を作り上げる．最も単純な素子は図 2.1 のような，2つの**端子** (terminal) をもつ素子である．このような素子に対して，各端子の**電位**を単位ボルト（V）で表し，それぞれ $v_a, v_b$ とおく．また，図のように向きを定めると端子間の**電位差**または素子の**電圧**は $v = v_a - v_b$ となる．一方，素子を流れる**電流**を単位アンペア（A）で表し，図のように向きを定めると素子を流れる電流 $i$ が決められる[†]．

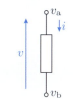

図 2.1　2 端子素子

---

[†] 電圧と電流の矢印の向きが異なることに注意．直流回路では電圧矢印の方向の電圧が高いときに，電流矢印の方向に電流が流れる．必ずしもこのような向きにとる必要は無いが，この向きで考える場合が多い．

## 2.2 ネットワーク

電気回路は素子を接続してネットワークを構成することで作られる．このとき，図 2.2 左にある点 a, b, g のような素子の接続点を**節点**という．特に**基準節点**（図 2.2 左の▽印）を定めてその電位を 0 とすると，節点 a の電位は素子の電圧を用いて

$$v_a = v_1 + v_2$$

のようになり，同様に，すべての**節点電位**が定められる．素子の電圧についても矢印の向きを意識しながら 2 つの素子を合わせて

$$v = v_1 + v_2$$

のように定義できる．逆に，節点電位が与えられると，その差から素子の電圧がわかる．

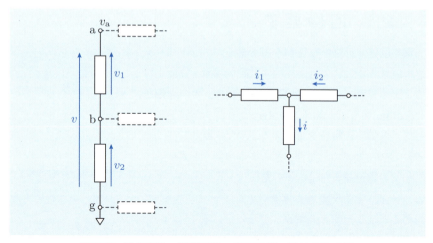

図 2.2 節点電位，基準電位，電圧の和，電流の和の例

一方，電流は流れなので，図 2.2 右のような場合，電流の向きに注意すると，

$$i = i_1 + i_2$$

のように電流が和になる．

図 2.3 のように，多数の素子を含むネットワークにおいて，外部との接続点など，特別な 2 つの端子に注目して考える場合がある[†]．このとき，図のように入る電流と出る電流が等しい場合，この端子対のことを**ポート** (port)[‡]と呼び，電圧 $v$，電流 $i$ のことをそれぞれポート電圧，ポート電流のように呼ぶ．

図 2.1 の 2 端子素子も，入る電流と出る電流が等しいので 1 つのポートと考えることができる．電気回路ではこのようなポートという考え方を利用することで，複雑なネットワークであっても，入力ポートと出力ポートの関係に注目して特性を議論することが可能になる．第 9 章においてそのような例を扱う．

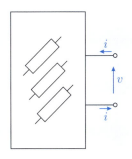

図 2.3　ポート

---

[†] 図 2.3 の左側の大きな四角の部分は多数の素子が入っていることを模式的に表現している．
[‡] ポートは回路における**境界**の概念である．

## 2.3 キルヒホッフの電流則

電流という流れを表す物理量の性質は次のキルヒホッフの電流則につながる．図 2.4 のようにある節点に 3 個の素子がつながっている場合，節点から出る方向に電流 $i_1, i_2, i_3$ を定めると，

$$i_1 + i_2 + i_3 = 0$$

が成立する．より一般には，ある節点に $N$ 個の素子がつながっている場合，節点から流れ出る電流を $i_1, i_2, \ldots, i_N$ とすると，

$$\sum_{k=1}^{N} i_k = 0$$

が成立する．これを，**キルヒホッフの電流則**という[†]．

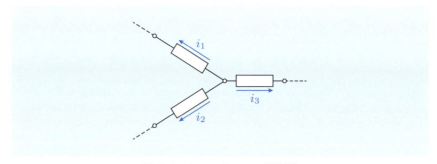

図 2.4　キルヒホッフの電流則

---

[†] キルヒホッフの電流則は節点に対して定義したが，ポートや，多端子のポート（カットセット）に対しても成立する．

## 2.4 キルヒホッフの電圧則

　回路において節点電位が存在するという，電圧という物理量の性質は，キルヒホッフの電圧則につながる．図 2.5 のように回路において**閉路**（loop）を考え，各素子の電圧を閉路に沿って $v_1, v_2, v_3$ とすると

$$v_1 + v_2 + v_3 = 0$$

が成立する．より一般には，回路において $N$ 個の素子からなる閉路を考え，閉路に沿う方向に素子電圧を $v_1, v_2, \ldots, v_N$ とすると

$$\sum_{k=1}^{N} v_k = 0$$

が成立する．これを，**キルヒホッフの電圧則**という[†]．前節のキルヒホッフの電流則と合わせて**キルヒホッフの法則**という．

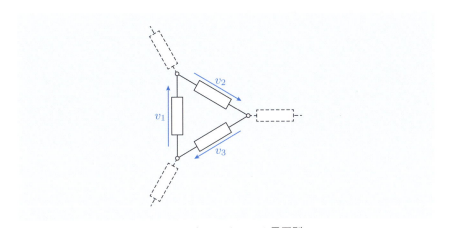

図 2.5　キルヒホッフの電圧則

---

[†]キルヒホッフの電圧則は節点電位が定義できることと等価である．

## 2.5 独立電源

回路を動作させるには，電圧や電流を供給する**電源**が必要である．特に，定まった電圧や電流を与える2端子の素子を**独立電源**といい[†]，図 2.6 のような記号を用いる[‡]．**(a)** は直流電圧源，すなわち一定の電圧 $E$ を与える理想的な電池であり，図 2.7 のような電流 $i$–電圧 $v$ の関係として表現できる．また，**(b)** は電圧 $e(t)$ を与える一般の**電圧源**を表す記号，**(c)** は一般の電流 $j(t)$ を与える**電流源**を表す記号である[§]．**(b)**, **(c)** は直流にも交流にも使うので注意が必要である．例えば，**交流**の電源の場合は角周波数を $\omega$ として

$$e(t) = E\cos\omega t$$

などの形で与えられる．

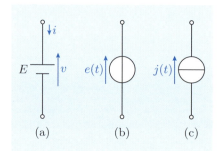

図 2.6 独立電源

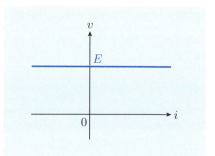

図 2.7 理想的直流電圧源の特性

---

[†] 独立電源と対比されるものとして，**制御電源**という素子がある．これは第 13 章で扱う．
[‡] 回路記号にはいろいろな表現があり，国によっても異なるので，海外の文献を読むときには注意が必要である．
[§] 電流源はなじみが薄いかもしれないが，回路においては重要な電源となる．

## 2.6 スイッチ

回路の接続関係を操る素子として,**スイッチ**がある.**理想スイッチ**は,図 2.8 (a) のような記号で表現され,閉じたとき (close) 電圧 $v = 0$, 開けたとき (open) 電流 $i = 0$ となる.$v$–$i$ 特性は図 2.8 (b) のようになる.**電圧制御スイッチ**は,図 2.8 (c) のような制御用の端子 G をもつ 3 端子のスイッチであり,トランジスタなどのモデルである.**制御端子** G には電流は流れないが,制御端子 G と端子 S の間の電位差 $v_{GS}$ に応じてスイッチの開閉状態が決まる.例えば,トランジスタは**閾値**を $V_T$ として,$v_{GS} > V_T$ のとき閉じて,$v_{GS} < V_T$ のとき開くようなスイッチと考えることができる[†].

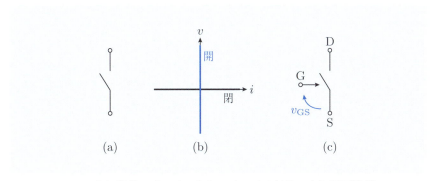

図 2.8 (a) 理想スイッチ,(b) スイッチの特性,(c) 電圧制御スイッチ

---

[†] 電圧制御スイッチのシミュレーションや使い方については,第 12 章において扱う.

## 2.7 論理演算の仕組み

計算機でディジタルの演算を行うときは，**論理演算**を用いる．この論理演算は入力の電圧に応じて電圧制御スイッチにより接続を変化させて，出力の電圧を制御する回路と考えることができる．例えば，論理値を逆転する **NOT** 回路は図 2.9 (a) のような記号で表現され，入力 IN が論理値 1 のとき出力 OUT は論理値 0，入力 IN が論理値 0 のとき出力 OUT は論理値 1 となる．

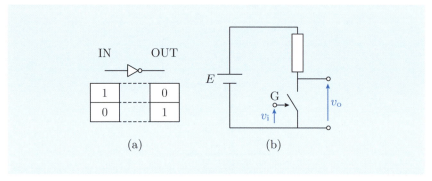

図 2.9　**NOT** 回路

例えば，入力電圧 $v_i$ や出力電圧 $v_o$ が閾値電圧 $V_T$ より小さいとき論理値 0，$V_T$ より大きいとき論理値 1 を対応させておくと，図 2.9 (b) の回路で NOT の動作が実現できる．ただし，$E > V_T$ とする．図 2.9 (b) の回路の出力電圧 $v_o$ は，

$$v_o = \begin{cases} E & (v_i < V_T) \\ 0 & (v_i > V_T) \end{cases}$$

となる．つまり，入力 $v_i < V_T$ は論理値 0 に対応し，そのとき $v_o = E$ なので論理値 1 になる．逆に，入力 $v_i > V_T$ は論理値 1 に対応し，そのとき $v_o = 0$ なので論理値 0 になる．このように，ディジタルの論理演算はスイッチの開閉と対応させて設計できる．

他にも，**NAND**[†] と呼ばれる 2 入力（$A, B$），1 出力（$C$）の図 2.10 (a) の論理演算は図 2.10 (b) の回路で実現できる．2 つのスイッチがともに閉じた

---

[†] 「かつ」を表す AND の否定．

## 2.7 論理演算の仕組み

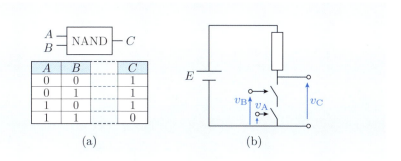

図 2.10 NAND 回路

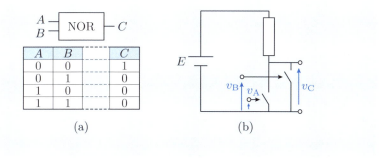

図 2.11 NOR 回路

ときにのみ，回路がつながって出力が 0 V になる仕組みである．また，**NOR**[†]と呼ばれる図 2.11 (a) の論理演算は図 2.11 (b) の回路で実現できる．2 つのスイッチの 1 つでも閉じると出力が 0 になる仕組みである．このように論理の「かつ」や「または」が，スイッチのつながり方と対応している[‡]．

第 1 章で紹介した $1+1=2$ を表現する図 1.1 の論理を NOT, NAND, NOR の回路により構成すると図 2.12 のようになる．まず $C_0$ は $A=B=1$ のときにのみ $C_0=1$ になる AND の論理である．したがって，NAND 回路の出力

---

[†]「または」を表す OR の否定．
[‡] ディジタルの論理演算の設計は，このような電圧制御スイッチによって実装できる．最もよく使われる CMOS の場合は，図 2.9 から図 2.11 中の長方形で表現された 2 端子素子の部分もスイッチにより実装する．

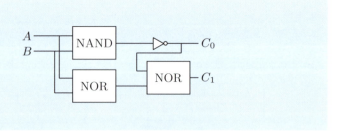

図 2.12 $1+1=2$ を実現する回路

を NOT で反転させれば良い．$C_1$ を実装する方法は多くあるが，$C_0$ を利用することを考えると，$A = B = 0$ のときのみ 1 を出力する NOR と $C_0$ の NOR をとれば良いことが見えてくる．結果として，図 2.12 のような回路で実現できる[†]．

　この章で紹介したキルヒホッフの法則はネットワークのつながり方によって電圧や電流が決まることを示している．スイッチはそのようなネットワークのつながり方を変化させる重要な素子であり，実際の電圧制御スイッチは，トランジスタを用いて実現される[‡]．実際のトランジスタの動作や，より複雑な回路の回路シミュレーションなどについては第 12 章に記載されているので，直接そちらに進んでも良い．また，ここで扱ったのはディジタル量の演算であるが，アナログ量の演算については第 13 章において扱う．この章でキルヒホッフの法則によるネットワーク上の電圧や電流の関係が理解できれば，次はオームの法則を加えて回路方程式を扱う第 3 章に進むことができる[§]．演習問題を解いてこの章の理解度を確認してほしい．

---

[†] このような論理から回路を設計するプロセスは**論理合成**と呼ばれ，実際に使われる複雑な演算は，ブール代数で記述された論理を用いて計算機により自動的に導出される．ただし，膨大な組合せの中の最適化になるので，最適解を求めるのは難しく，現在も研究が進められている．

[‡] 神経回路においても AND や OR のような単純な構造が自然に構成されており，人間が論理を理解できる源ともいわれている．

[§] 論理を扱う回路を学びたい場合は，「論理回路」を学ぶと良い．その発展として「集積回路」や「計算機工学」，さらに計算機科学を含む情報学の分野へと開ける．

# 2章の演習問題

☐ **2.1** 図2.13の2つの回路において,枝電圧 $v_1, v_2$ が与えられたとき,節点電位 $v_\mathrm{a}, v_\mathrm{b}, v_\mathrm{c}$ を求めよ.逆に,2つの回路において節点電位 $v_\mathrm{a}, v_\mathrm{b}, v_\mathrm{c}$ が与えられた場合に,枝電圧 $v_1, v_2$ を求めよ.

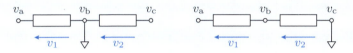

図2.13　節点電位と枝電圧

☐ **2.2** 図2.14の回路において,$i$ を求めよ.

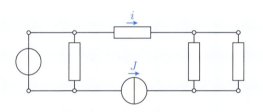

図2.14　電流の関係

☐ **2.3** 図2.15のスイッチが表す真理値表を求めよ.ただし,入力を $v_\mathrm{A}, v_\mathrm{B}, v_\mathrm{C}$ とし,電圧が閾値 $\frac{E}{2}$ よりも高い場合を論理値1とする.

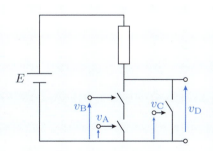

図2.15　スイッチの構成

**24**　　　　　　第 2 章　キルヒホッフの法則

□ **2.4** 以下の真理値表を表す回路を考えよ.

| $A$ | $B$ | $C$ | $D$ |
|-----|-----|-----|-----|
| 0 | 0 | 0 | 1 |
| 0 | 0 | 1 | 1 |
| 0 | 1 | 0 | 1 |
| 0 | 1 | 1 | 0 |
| 1 | 0 | 0 | 1 |
| 1 | 0 | 1 | 0 |
| 1 | 1 | 0 | 1 |
| 1 | 1 | 1 | 0 |

□ **2.5** 制御スイッチのような振舞をする素子にはどのようなものがあるか考えて
みよ.

# 第3章

# 直流回路

　この章では，おもに直流電圧源を含む回路について学習する．まず，電圧と電流を関係付けるオームの法則に基づき抵抗素子を導入する．抵抗は直列や並列に接続することで，いろいろな値の抵抗が得られる．また，前章のキルヒホッフの法則とオームの法則を組み合わせた直流の回路方程式を解くことで，回路における電圧や電流を求めることができる．さらに，回路においてエネルギーを扱う概念として，電力を導入する．最後に，抵抗とは異なる特性の素子として，ダイオードを導入し，ダイオードを用いた整流回路について紹介する．

## 3.1 オームの法則

　図 3.1 のように，電流 $i$ と電圧 $v$ が比例することを**オームの法則**と呼び，これを満たす素子を**抵抗**（registor）と呼ぶ．その比例係数の値も**抵抗**（registance）と呼び，単位はオーム（Ω）である．抵抗の値を $R$ とすると，式では次のように書ける[†]．

$$v = Ri \quad (3.1)$$

一般の抵抗素子では必ずしも厳密にはオームの法則は成立しないが，回路を扱う上では理想的に $v$ と $i$ が比例関係となる線形抵抗とすると便利なので，次節以降も線形抵抗を用いて議論する．

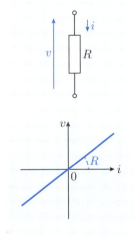

図 3.1　オームの法則

---

[†] この式は $i = Gv$ とも書け，$G$ をコンダクタンスと呼ぶ．

## 3.2 合成抵抗

式 (3.1) のような抵抗を複数接続したものは，やはり 1 個の抵抗素子とみなせ，その抵抗値を**合成抵抗**と呼ぶ．図 3.2 (a) のような**直列接続**の場合は

$$v = v_1 + v_2$$
$$= (R_1 + R_2)i$$

より，合成抵抗 $R$ は

$$R = R_1 + R_2$$

となる．図 3.2 (b) のような**並列接続**の場合は，

$$i = i_1 + i_2$$
$$= \left(\frac{1}{R_1} + \frac{1}{R_2}\right)v$$

より合成抵抗 $R$ は

$$\frac{1}{R} = \frac{1}{R_1} + \frac{1}{R_2}$$

を満たす．

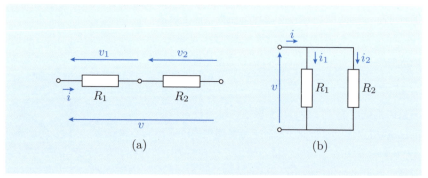

図 3.2　抵抗の (a) 直列接続と (b) 並列接続

### ■ 例題 3.1（直並列回路の抵抗）

図 3.3 の直並列回路の合成抵抗を求めよ．

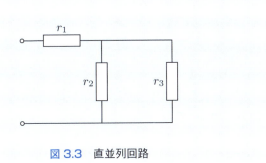

**図 3.3** 直並列回路

【解答】 まず $r_2$ と $r_3$ を合成すると，
$$\frac{r_2 r_3}{r_2 + r_3}$$
これと $r_1$ が直列になっているので，
$$\frac{r_2 r_3}{r_2 + r_3} + r_1 = \frac{r_1 r_2 + r_2 r_3 + r_3 r_1}{r_2 + r_3}$$
となる．

## 3.3 テブナンの等価電源

直流の理想電圧源では，どんなに大きな電流を流しても電圧は変化しないが，一般には電圧源は**内部抵抗**をもつため，多く電流を流すと出力電圧は低減する．このような性質を表現するため，図 3.4 (a) のような内部抵抗 $r$ をもつ直流電圧源がモデルとして使われる．この電源の出力電圧 $v$ と電流 $i$ の関係は

$$v = E - ri \tag{3.2}$$

となり，図 3.4 (b) のような特性になる．電流 $i = 0$ のときの電圧 $v = E$ を**開放電圧**と呼ぶ．電流が増加するとともに出力電圧は減少する．一方で，蓄電池のように電流が入ってくる場合（$i < 0$）は，逆に出力電圧は増加する[†]．

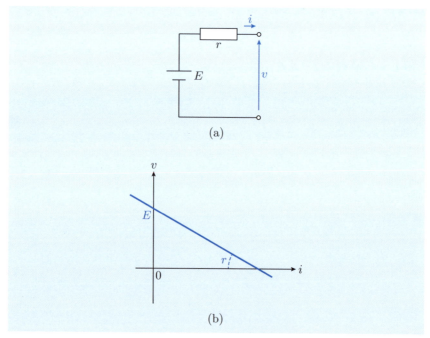

図 3.4　テブナンの等価電源

---

[†] 太陽電池や各種センサもこのような電源で表現できる．その場合は内部抵抗が大きい場合もあり，実際に電圧を取り出すためには工夫が必要である（第 13 章参照）．

より一般の理想電圧源と抵抗を含むネットワークについても，注目したポートから見ると，図 3.4 の等価回路で表現できる．例えば図 3.5 のような回路は，

$$E = \frac{r_2}{r_1 + r_2}V$$

$$r = \frac{r_1 r_2}{r_1 + r_2}$$

とおけば，図 3.4 の形に表現できる[†]．このように，多数の電源と多数の抵抗からなる回路も図 3.4 の等価回路で書け，これを**テブナンの等価電源**と呼ぶ[‡]．

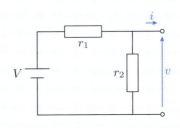

図 3.5　2 個の抵抗を含む電源

---

[†] ポートの開放電圧と $V = 0$ にしたときのポートから見た合成抵抗を考えれば良い．
[‡] 複数の電源をまとめるという意味で回路における重ね合わせの原理であり，実際にはヘルムホルツが最初に発表したとされている．

## 3.4 回路方程式

キルヒホッフの電流則，電圧則，オームの法則を連立させたものは**回路方程式**と呼ばれ，この方程式を解くことですべての素子の電圧と電流が求められる．例えば，図 3.6 の回路では，それぞれ

$$i_1 - i_2 - i_3 = 0$$
$$v_2 + v_1 = E, \quad v_3 - v_2 = 0$$
$$v_1 = r_1 i_1, \quad v_2 = r_2 i_2, \quad v_3 = r_3 i_3$$

となり，この連立方程式を解くと，

$$i_1 = \frac{(r_2 + r_3)E}{r_1 r_2 + r_2 r_3 + r_3 r_1}, \quad i_2 = \frac{r_3 E}{r_1 r_2 + r_2 r_3 + r_3 r_1}$$
$$i_3 = \frac{r_2 E}{r_1 r_2 + r_2 r_3 + r_3 r_1}$$
$$v_1 = \frac{r_1(r_2 + r_3)E}{r_1 r_2 + r_2 r_3 + r_3 r_1}, \quad v_2 = v_3 = \frac{r_2 r_3 E}{r_1 r_2 + r_2 r_3 + r_3 r_1}$$

となる[†]．1 個の直流電圧源と複数の抵抗からなる回路の場合，どの節点の電位も電圧源の電位より小さくなる．

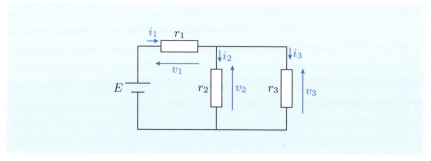

図 3.6　1 個の電源と複数の抵抗からなる回路

---

[†] この回路の場合，例題 3.1 のように合成抵抗を計算して求めても良い．

### ■ 例題 3.2（ブリッジ回路）■

図 3.7 の回路において, $r_5$ に電流が流れない条件を求めよ.

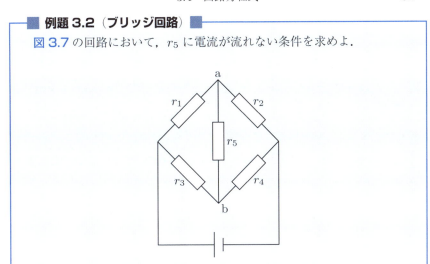

**図 3.7** 例題 3.2 ブリッジ回路

【解答】 $r_5$ に電流が流れないということは, 図の節点 a と節点 b が同電位であるということを示している. したがって

$$\frac{r_2}{r_1 + r_2} = \frac{r_4}{r_3 + r_4}$$

簡単化すると

$$r_1 r_4 = r_2 r_3 \tag{3.3}$$

となる. ■

このような回路は単純な直列や並列接続とは異なり, ブリッジと呼ばれる. 式 (3.3) の関係を利用して既知の抵抗から未知の抵抗値を求めたり[†], $r_5$ の厳密な測定[‡], a–b 間の電位差から抵抗の変化を感知することを利用したセンサなど, ブリッジを利用した回路は多く存在する.

---

[†] ホイートストンブリッジなど.
[‡] 4 端子法など.

**32**　　　　　　　　　　　　第 3 章　直 流 回 路

## 3.5 電　　　力

　回路においてエネルギーを議論する場合，電圧と電流の積で表現される**電力**が便利である．図 2.1 の向きに電圧 $v(t)$ と電流 $i(t)$ をとると，素子で消費される**瞬時電力** $p(t)$ は

$$p(t) = v(t)i(t)$$

で与えられる[†]．単位はワット（W = V A = J/s）である[‡]．素子が抵抗 $R$ の場合は，

$$p = Ri^2 = \frac{v^2}{R}$$

となり，必ず正の値になることから電力を消費して発熱することがわかる．一方，素子が電源の場合は，エネルギーを送り出す場合は負の値になる[§]．理想スイッチは図 2.8 (b) のように電圧または電流が常に 0 になるので，その積である電力は消費しない．

　$N$ 個の素子からなる回路について，その素子の電圧を $v_1, v_2, \ldots, v_N$，電流を $i_1, i_2, \ldots, i_N$ としたとき，

$$\sum_{k=1}^{N} v_k i_k = 0 \tag{3.5}$$

が成立する[¶]．これは，回路全体では電源から供給される電力と素子で消費される電力がバランスしていることを表しており，**エネルギー保存**を示している．

---

[†]回路ではこの式からエネルギーに関する議論を始めるのが特徴である．

[‡]J はジュール，s は秒．その積分を**電力量**と呼び，エネルギーを表す．

[§]もちろん，蓄電池を充電する場合は正の値になるが，熱にはならずにエネルギーとして蓄えられる．$v$ が一定の場合は $i = \frac{dq}{dt}$ に注意すると，蓄えられるエネルギーは

$$\int p \, dt = \int v \, dq = v \int dq \tag{3.4}$$

となる．

[¶]**テレゲンの定理**と呼ばれ，この定理は素子の値にかかわらずトポロジーだけから成立がいえるところが興味深い．

## 3.5 電　　　力　　　　　　33

■ **例題 3.3（最大電力）** ■

図 **3.4** のテブナンの等価電源から取り出せる最大電力を求めよ.

**【解答】** テブナン等価回路の特性は式 (3.2) で表現されるので，電力は

$$p = vi$$
$$= (E - ri)i$$
$$= -ri^2 + Ei$$

この電力 $p$ を $i$ の関数と見て微分すると

$$\frac{dp}{di} = -2ri + E$$

増減表から

$$i = \frac{E}{2r}$$

のときに最大となる．したがって，最大供給電力は

$$p = \frac{E^2}{4r}$$

である．　　　　　　　　　　　　　　　　　　　　　　　　■

## 3.6 ダイオード

抵抗とは異なる$i$–$v$特性の素子として，ダイオードを考えてみよう．理想的な特性を示すダイオードは図3.8のような$i$–$v$特性をもつ素子である．素子に加わる電圧に応じてスイッチの開閉が変化するような特性を示す[†]．電流を1方向にしか流さない整流素子である．**LED**（Light-Emitting Diode）は発光素子であるが，やはりダイオードの一種である．

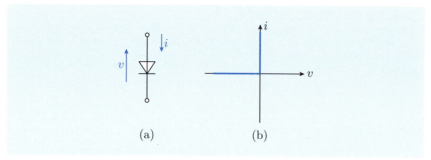

図3.8 **(a)** ダイオードの記号，**(b)** 理想ダイオードの特性

直流回路ではダイオードにかかる電圧の向きが決まっている場合が多いので，回路の動作は難しくない．例えば，図3.9のように直列に抵抗$R$を入れて，ダイオードに流れる電流$i$を調整したい場合は，ダイオードは短絡と同様にみなせるので，

$$R = \frac{E}{i}$$

のように定めれば良い[‡]．

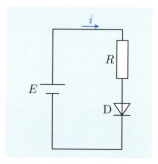

図3.9 ダイオードを含む回路

---

[†] 理想ダイオードは電圧または電流が0なので，エネルギーを消費しない．
[‡] 抵抗を挿入しないと大きな電流が流れるので注意が必要である．また，実際のダイオードを使う場合は，電圧降下も考慮するが，扱い方は第12章参照．

## 3.7 整流回路

ダイオードを利用すると，図 3.10 (a) のような回路で交流を**整流**することができる．$e(t) > 0$ のときは，$D_1 \to R \to D_4$ の経路で電流は流れ，$e(t) < 0$ のときは，$D_2 \to R \to D_3$ の経路で電流が流れる．その結果，図 3.10 (b) のように整流された波形が抵抗に流れる．ただし，このままでは電圧は一定でないので，キャパシタなどの素子を利用して一定の直流電圧に変換する．この回路は 4 個のダイオードでブリッジを構成しているので，**ダイオードブリッジ**と呼ばれる．

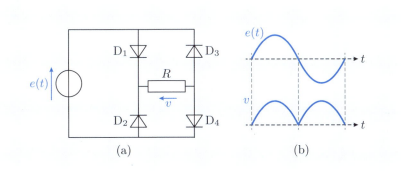

図 3.10 (a) ダイオードによる交流の整流，(b) 整流された波形

この章で扱った LED を光らせる回路や，ダイオードを利用した整流回路について，回路シミュレーションも含めた議論に興味がある場合は第 12 章に進んでも良い．一方，新たにキャパシタやインダクタを含む回路を扱う第 4 章に進むためには，この章において電池と抵抗からなる回路について，回路方程式を解いて電圧や電流が求められるようにしておくこと．下記演習問題を解いて確認してほしい．

## 3章の演習問題

☐ **3.1** 図 3.11 の合成抵抗を求めよ．ただしすべて抵抗は $r$ とする．

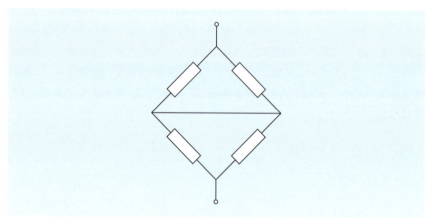

図 3.11 抵抗回路

☐ **3.2** 図 3.12 の回路のテブナンの等価電源を求めよ．

☐ **3.3** 図 3.13 の回路において電源から出力する電力を最大にする負荷 $R$ を求めよ（最大電力伝送）．

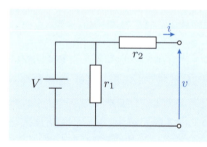

図 3.12 内部抵抗を含む電源

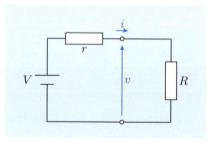

図 3.13 エネルギー伝送

☐ **3.4** 図 3.13 の回路においてエネルギー保存の式 (3.5) が成立することを確認せよ．

☐ **3.5** ダイオードのような振舞をする物理現象にはどのようなものがあるか考えてみよ．

# 第4章

## 回路の微分方程式

この章では新たにキャパシタとインダクタという2つの素子を導入する。これに伴い、回路における物理現象は微分方程式を用いて記述されることになる。ここでは具体的な例を用いながら、回路における微分方程式をたてる方法を学ぶ。

## 4.1 物理現象と微分方程式

物理現象は一般に**微分方程式**を用いて記述される。つまり、電磁気現象の支配方程式であるマクスウェル方程式も微分方程式であるし、量子力学や相対論についても同様である。回路も電磁気現象であるため、微分方程式で表現されるが、時間のみが独立変数であり、物理現象として単純な表現が可能である[†]。したがって、共振や伝搬、フィルタなどの物理現象を表現するモデルとして回路を考える場合も多い。

前章では $v$–$i$ 関係としてオームの法則 $v = Ri$ を導入した。回路では、この $v$–$i$ 関係に微分が入ることで、回路方程式が微分方程式になる。電圧の微分になるか、電流の微分になるかという意味で、キャパシタとインダクタという2つの異なる素子が登場する。

---

[†] マクスウェル方程式の場合は、時間だけでなく空間3次元に関しての微分も登場する。このような微分方程式は**偏微分方程式**と呼ばれる。回路の場合は空間に相当する部分はネットワークとして離散化されている。

## 4.2 キャパシタ（コンデンサ）

キャパシタ（capacitor）はコンデンサ（condenser）とも呼ばれる 2 端子素子で，図 4.1 (a) のような記号で表現される．電荷 $\pm q$ により，素子内部に電界が作られ，電界でエネルギーを蓄える素子である．電圧 $v$ と電荷 $q$ の間には図 4.1 (b) のような比例関係があり，その比例係数 $C$ を**容量**または**キャパシタンス**（capacitance）と呼ぶ．つまり，

$$q = Cv$$

の関係がある．

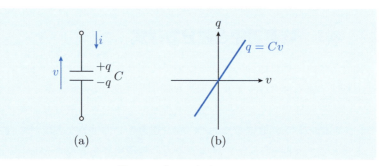

図 4.1　キャパシタ

$i$–$v$ 関係にするには，両辺を**微分**すれば良く，

$$i = C \frac{dv}{dt} \qquad (4.1)$$

となる[†]．これは，電流が流れ込むと，その値に比例して電圧が増加することを表している．また，電圧の増加する割合は，容量 $C$ が大きいほど小さい．このような解釈をするためには，微分の逆の積分を用いた方がわかりやすい．つまり，式 (4.1) において電圧 $v$ を電流 $i$ で表現する場合は積分になり，時刻 $t$ の電圧を $v(t)$ とすると，

$$v(t) = v(0) + \frac{1}{C} \int_0^t i \, dt$$

---

[†] 単位時間当たりに流れる電荷が電流なので，電荷 $q$ の微分が電流 $i$ になる．

## 4.2 キャパシタ（コンデンサ）

となる．電流が積分されて電圧になり，比例係数は容量 $C$ に反比例することがわかる．$v$ は積分量なので，キャパシタの電圧は連続になる[†]．したがって，微分方程式をたてる場合は，キャパシタの電圧を変数に選ぶ．

キャパシタに蓄えられる**エネルギー**は，

$$v(0) = 0$$

から充電したとして，電力を積分すると，$i\,dt = dq$ を用いて $q$ の式で書けば次のようになる．

$$
\begin{aligned}
\int_0^t vi\,dt &= \int_0^{q(t)} v\,dq \\
&= \int_0^{q(t)} \frac{q}{C}\,dq \\
&= \frac{q^2}{2C}
\end{aligned}
$$

また，$v$ の式で書けば，$dq = C\,dv$ より，

$$
\begin{aligned}
\int_0^t vi\,dt &= \int_0^{v(t)} Cv\,dv \\
&= \frac{1}{2}Cv^2
\end{aligned}
$$

となる．抵抗の場合とは異なり，キャパシタの場合は電力は熱として消費されずに電界のエネルギーとしてキャパシタの中に蓄えられる．十分大きな容量をもつキャパシタは，エネルギーを一時的に蓄積することにより，電圧を一定に保つ機能をもつ．この特性は短い時間では電圧源の代わりになることを示しており，第 6 章ではこのような回路の例として DC–DC コンバータを紹介する．

---

[†] ただし，電流 $i$ が無限大（$\delta$ 関数）になると，不連続になる．

## 4.3 インダクタ（コイル）

インダクタ (inductor) はコイル (coil) とも呼ばれる 2 端子素子で，図 4.2 (a) のような記号で表現される．電流 $i$ により，素子内部に**磁束** $\phi$ が作られ，磁束でエネルギーを蓄える素子である[†]．電流 $i$ と磁束 $\phi$ の間には図 4.2 (b) のような比例関係があり，その比例係数 $L$ をインダクタンス (inductance) と呼ぶ[‡]．つまり，

$$\phi = Li$$

の関係がある．

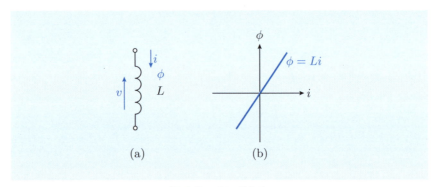

**図 4.2** インダクタ

$v$–$i$ 関係にするには，両辺を微分すれば良く，

$$v = L\frac{di}{dt} \tag{4.2}$$

となる．これは，インダクタに電圧を加えると，その値に比例して電流が増加することを示している[§]．電流の増加する割合は，インダクタンス $L$ が大きいほど小さい．このような解釈をするためには，キャパシタのときと同様に積分を用いた方がよい．電流 $i$ を電圧 $v$ で表現する場合は積分になり，時刻 $t$ の電流を $i(t)$ とすると，

---

[†] このエネルギーはメモリや蓄電にも使われる．
[‡] アンペールの法則．
[§] ファラデーの電磁誘導の法則として考えると，電流の時間変化が誘導起電力を作る．

$$i(t) = i(0) + \frac{1}{L} \int_0^t v\,dt$$

となる. $i$ は積分量なので, インダクタの電流は連続になる[†]. したがって, インダクタの電流を変数として微分方程式をたてる.

インダクタに蓄えられる**エネルギー**は,

$$i(0) = 0$$

から充電したとして, 電力を積分して, $v\,dt = d\phi$ を用いて $\phi$ の式で書けば次のようになる.

$$\begin{aligned}
\int_0^t iv\,dt &= \int_0^{\phi(t)} i\,d\phi \\
&= \int_0^{\phi(t)} \frac{\phi}{L}\,d\phi \\
&= \frac{\phi^2}{2L}
\end{aligned}$$

また, $i$ の式で書けば, $d\phi = L\,di$ より,

$$\begin{aligned}
\int_0^t iv\,dt &= \int_0^{i(t)} Li\,di \\
&= \frac{1}{2}Li^2
\end{aligned}$$

となる. キャパシタの場合と同様に, インダクタもエネルギーを消費せずに磁束のエネルギーとして蓄える. 十分大きなインダクタンスをもつインダクタは, エネルギーを一時的に蓄積することにより, 電流を一定に保つ機能をもつ. この特性は短い時間では電流源の代わりになることを示しており, 第 6 章ではこのような回路の例として DC–DC コンバータを紹介する.

---

[†]電圧 $v$ が無限大 ($\delta$ 関数) になると, 不連続になる.

## 4.4　回路の変数の関係

この章では，電圧 $v$，電流 $i$ に加えて，電荷 $q$，磁束 $\phi$ という物理量が登場した．ここで一旦回路に登場する変数を整理すると，図 4.3 のようになる．右側の電流 $i$ と電荷 $q$ は導体の中に存在する物理量で，キルヒホッフの電流則の関係を満たす．これらの物理量は，左側にある電圧や磁束を作る源になる[†]．左側の電圧 $v$ と磁束 $\phi$ は，回路ではキャパシタの電圧やインダクタの磁束として素子の中に閉じ込められている場合が多いが，一般には空間的に存在する物理量である．また，これらの物理量はキルヒホッフの電圧則を満たす[‡]．

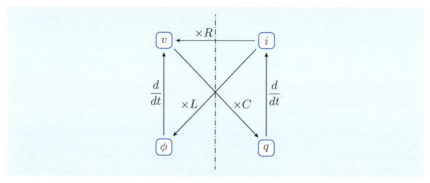

図 4.3　回路の変数の関係

下側の変数を微分すると上側の変数になる．左と右を結ぶ係数が $R, L, C$ という回路にとって設計可能なパラメータになっている．このような関係は，電磁気現象を記述するマクスウェル方程式から来ており，第 11 章でもう一度議論する．電気電子回路においては，素子のネットワークのつながり方と，これらのパラメータを設計することで，所望の動作を実現することを目指している．

---

[†]キャパシタでは $q = Cv$ と書くが，電荷が電圧を作るという意味では，$v = C^{-1}q$ とした方が電磁気学と対応がとりやすい．
[‡]この図を見ると，$\phi$ と $q$ を結ぶ関係もありそうだが，これに関してはメモリスタという素子が提案されている．

## 4.5　1階の微分方程式の例

回路の方程式は，直流回路のときと同様に，キルヒホッフの電流則，電圧則，そして $v$–$i$ 関係を用いる．直流では $v$–$i$ 関係は $v = Ri$ だけだったが，新たに式 (4.1) と式 (4.2) の関係が追加される．このとき，微分方程式の変数としては，連続性が担保されたキャパシタの電圧，またはインダクタの電流を用いる．このような微分方程式の変数は，**状態変数**と呼ばれる．

図 4.4 の回路の方程式の場合，キルヒホッフの電圧則から

$$v_R + v_C = E$$

これに加えて，$v$–$i$ 関係式

$$v_R = Ri, \quad i = C\frac{dv_C}{dt}$$

を連立させれば良い．この場合は変数はキャパシタの電圧になるので，他の変数を消去すると，

$$CR\frac{dv_C}{dt} + v_C = E$$

が得られる．この微分方程式は1階の微分のみを含むため，1階の微分方程式と呼ぶ．キャパシタあるいはインダクタを1個含む回路は1階の微分方程式で表現される．微分方程式は，変数に関する項を左辺にまとめて，それ以外の項を右辺にまとめて書く．その場合，回路の微分方程式では右辺に電源が現れる．電源が無い場合は上の式で $E = 0$ となって，右辺は 0 になる[†]．

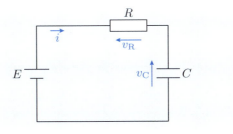

図 4.4　キャパシタの充電回路

---

[†] キャパシタの電荷を放電するだけの場合は，電源を含まないので右辺は 0 となる．

## 4.6　2階の微分方程式の例

次は図 4.5 のようなキャパシタとインダクタを 1 個ずつ含む回路を考える。この回路は**直列共振回路**と呼ばれ，後の例でも度々登場する基本的な回路である。キルヒホッフの電圧則から

$$v_R + v_C + v_L = e(t) \tag{4.3}$$

これに加えて，$v$–$i$ 関係式

$$\begin{aligned} v_R &= Ri \\ i &= C\frac{dv_C}{dt} \\ v_L &= L\frac{di}{dt} \end{aligned} \tag{4.4}$$

を連立させれば良い。この場合は変数はキャパシタの電圧 $v_C$ またはインダクタの電流 $i$ になる。キャパシタの電圧 $v_C$ を変数にする場合は $i$ を消去することで，

$$LC\frac{d^2 v_C}{dt^2} + CR\frac{dv_C}{dt} + v_C = e(t)$$

が得られる。

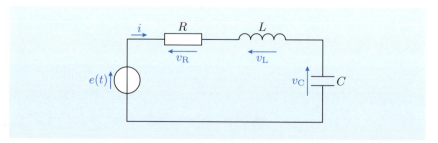

図 4.5　直列共振回路

一方，$v_C$ を消去しようとすると，少し工夫が必要になる。式 (4.4) を積分で表現した

$$v_C = v_C(0) + \frac{1}{C}\int_0^t i\,dt \tag{4.5}$$

4.6 2階の微分方程式の例　　**45**

を用いると，

$$Ri + v_C(0) + \frac{1}{C} \int_0^t i\,dt + L\frac{di}{dt} = e(t)$$

のように微分と積分を含んだ微分積分方程式になる．この場合は，両辺を微分すると，

$$L\frac{d^2i}{dt^2} + R\frac{di}{dt} + \frac{i}{C} = \frac{de}{dt}$$

のように微分方程式が得られる．この微分方程式は最大2階の微分まで含むため，2階の微分方程式と呼ばれる．この場合は，キャパシタとインダクタと合わせて2個なので，2階の微分方程式となっている．このように，インダクタとキャパシタの個数に対応して微分方程式の階数は決まる[†]．

---

■ **例題 4.1（並列共振回路）** ■

図 **4.6** の回路は**並列共振回路**と呼ばれる．この回路の微分方程式を求めよ．

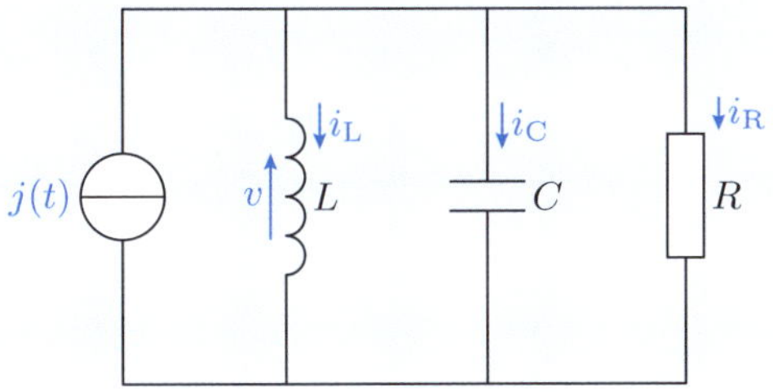

図 **4.6**　並列共振回路

---

**【解答】** キルヒホッフの電流則から

$$i_L + i_C + i_R = j(t) \tag{4.6}$$

これに加えて，$v$–$i$ 関係式

---

[†] 単純にキャパシタを並列接続してある場合など，縮退して階数が減る場合もあるので注意は必要である．

$$v = Ri_{\mathrm{R}}$$

$$i_{\mathrm{C}} = C\frac{dv}{dt}$$

$$v = L\frac{di_{\mathrm{L}}}{dt}$$

を連立させれば良い．インダクタの電流を変数にとると，

$$LC\frac{d^2 i_{\mathrm{L}}}{dt^2} + \frac{L}{R}\frac{di_{\mathrm{L}}}{dt} + i_{\mathrm{L}} = j(t)$$

が得られる．

キャパシタの電圧を変数にとると，

$$v(0) + \frac{1}{L}\int_0^t v\,dt + C\frac{dv}{dt} + \frac{1}{R}v = j(t)$$

のように微分積分方程式になるが，両辺を微分して

$$C\frac{d^2 v}{dt^2} + \frac{1}{R}\frac{dv}{dt} + \frac{1}{L}v = \frac{dj(t)}{dt}$$

が得られる．

この章ではインダクタやキャパシタを含む回路について，回路の微分方程式を導出した．実際にこれらの微分方程式を解く第5章に進むためには，インダクタとキャパシタと合わせて2個以下の回路について，2階までの微分方程式が導出できるようにしておくこと．下記演習問題を用いてこの章の理解度を確認してほしい．

# 4章の演習問題

□ **4.1** 図4.7の回路において時刻 $t=0$ にスイッチSを閉じた．$t>0$ において成立する回路の微分方程式を求めよ．

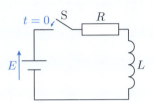

図4.7 インダクタを含む回路

□ **4.2** 図4.8の回路において時刻 $t=0$ にスイッチSを閉じた．$t>0$ において成立するインダクタの電流の微分方程式を求めよ．

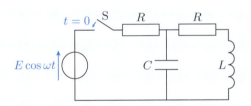

図4.8 インダクタとキャパシタを含む回路

□ **4.3** 図4.9の回路において時刻 $t=0$ にスイッチSを開けた．$t>0$ において成立するインダクタの電流の微分方程式を求めよ．

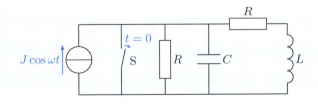

図4.9 電流源を含む回路

☐ **4.4** 次の微分方程式によって電圧 $v$ が記述される回路を 1 個求めよ．

$$\frac{d^2v}{dt^2} + 3\frac{dv}{dt} + 2v = 0 \tag{4.7}$$

☐ **4.5** 図 4.10 左の LC 回路の微分方程式を求めよ．また，図 4.10 右のばねとおもりの系に対する微分方程式を求めよ．両微分方程式を比較し，その各変数の対応を考えてみよ．インダクタンスやキャパシタンスは何と対応させると良いか？

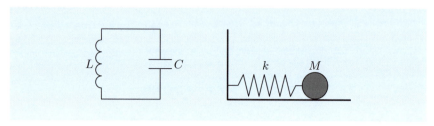

図 4.10　回路と力学の関係

# 第5章

# 簡単な過渡現象

この章では電源を含まない回路の微分方程式を実際に解く．まず1階の微分方程式について，指数関数を用いて表現される現象の考え方を学ぶ．また，指数関数を複素数に拡張することにより，2階の微分方程式についても，物理現象が自然に指数関数を用いて表現されることを学習する．

## 5.1　1階の微分方程式の解

関数 $f(t)$ に関する定数係数の1階の微分方程式には次のような2つのタイプがある．

$$\frac{df}{dt} + af = 0 \tag{5.1}$$

$$\frac{df}{dt} + af = e(t) \tag{5.2}$$

$f$ の項を左辺にもってきたときに，式 (5.1) のように右辺が 0 の方程式を**同次方程式**（homogeneous equation），式 (5.2) のような場合を**非同次方程式**（nonhomogeneous equation）と呼ぶ[†]．回路においては，右辺に現れるのは独立電源に関する項になる．この章では，回路に電源を含まない場合，すなわち同次方程式の場合を扱う．

微分という作用と**指数関数**とは密接な関係があり[‡]，式 (5.1) のような定数係数の微分方程式の解は，一般に指数関数で書ける．したがって，解を定数 $A \neq 0$, $\lambda$ を用いて

$$f(t) = Ae^{\lambda t}$$

---

[†] 斉次，非斉次という場合もある．
[‡] 微分しても指数関数は定数倍されるだけで形を変えない．

**50**　　　　　　　第 5 章　簡単な過渡現象

とおいて，式 (5.1) に代入すると，

$$(\lambda + a)Ae^{\lambda t} = 0$$

となる．$e^{\lambda t} \neq 0$ を考慮すると，

$$\lambda + a = 0 \tag{5.3}$$

が成立し，

$$\lambda = -a$$

が得られる[†]．したがって，式 (5.1) の解は

$$f(t) = Ae^{-at}$$

で与えられる．このように任意定数 $A$ を含む解を**一般解**と呼ぶ．$A$ を決めるには，例えば初期値 $f(0)$ が与えられれば，

$$A = f(0)$$

となり，解は

$$f(t) = f(0)e^{-at}$$

で与えられることになる．

---

[†]式 (5.3) は**特性方程式**と呼ばれる．

## 5.2 キャパシタの放電

図 5.1 の回路で初期値 $v_C = v_0$ の状態でスイッチを閉じた場合を考える．微分方程式は

$$CR\frac{dv_C}{dt} + v_C = 0$$

となる．解を $v_C = Ae^{\lambda t}$ とおいて代入すると，

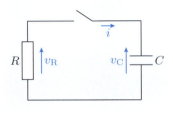

図 5.1 キャパシタの放電現象

$$(CR\lambda + 1)Ae^{\lambda t} = 0$$

より $\lambda = -\frac{1}{CR}$ が得られる．したがって

$$v_C(t) = Ae^{-\frac{t}{CR}} \tag{5.4}$$

となる．初期値 $v_C(0) = v_0$ より，解は

$$v_C(t) = v_0 e^{-\frac{t}{CR}} \tag{5.5}$$

のように得られる．この波形を図示すると図 5.2 (a) のようになる．$t = 0$ において $v_C$ は連続で，指数関数的に減衰する．時間 $\tau = CR$ は**時定数**（time constant）と呼ばれ，減衰の速さを示す指標であり，容量と抵抗の大きさに比例する．つまり，長く時間をかけて放電するためには容量を大きくしてエネルギーを大きく蓄えておくか，抵抗を大きくして減衰を抑えるかということになる．

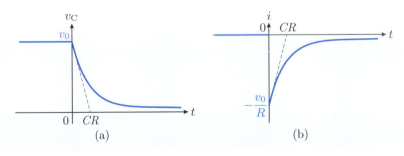

図 5.2　(a) $v_C$ の波形と (b) $i$ の波形

また，電流 $i$ は，その向きに注意すると

$$i = C\frac{dv_\mathrm{C}}{dt} = -\frac{v_0}{R}e^{-\frac{t}{CR}}$$

で与えられる．図示すると図 5.2 (b) のようになり，$t=0$ で**不連続**になることがわかる．このように，微分方程式の変数として用いるキャパシタの電圧やインダクタの電流以外の変数はスイッチの開閉の前後で一般に不連続になる．

### ■ 例題 5.1（インダクタの放電現象）■

図 5.3 の回路において[†]，初めに十分長い間スイッチ S を閉じた状態に保っておき，その後時刻 $t=0$ にスイッチを開けた．インダクタの電流と電圧を求め，それらの波形を図示せよ．

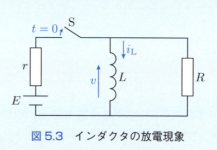

図 5.3　インダクタの放電現象

【解答】　初めに十分長くスイッチを閉じた状態では，インダクタは短絡とみなせて，$i_\mathrm{L} = \frac{E}{r}$ の電流が流れている．その後スイッチを開けたとき，インダクタの電流は連続なので，インダクタの電流の初期値は $i_0 = \frac{E}{r}$ となる．

スイッチを開けた後の微分方程式はインダクタの電流を変数にとって，

$$L\frac{di_\mathrm{L}}{dt} + Ri_\mathrm{L} = 0$$

となる．解を

$$i_\mathrm{L} = Ae^{\lambda t}$$

とおいて代入すると，

$$(L\lambda + R)Ae^{\lambda t} = 0$$

---

[†] インダクタの場合，キャパシタよりも初期条件を与えるのが難しいので，初期条件を与える部分も含めた回路を用いる．

より $\lambda = -\frac{R}{L}$ が得られる．したがって

$$i_L(t) = Ae^{-\frac{Rt}{L}}$$

となる．初期値 $i_L(0) = i_0$ より，解は

$$i_L(t) = i_0 e^{-\frac{Rt}{L}} \tag{5.6}$$

のように得られる．この波形を図示すると図 5.4 (a) のようになる．

また，電圧 $v$ は，その向きに注意すると

$$v = L\frac{di_L}{dt} = -Ri_0 e^{-\frac{Rt}{L}}$$

で与えられる．図示すると図 5.4 (b) のようになる．

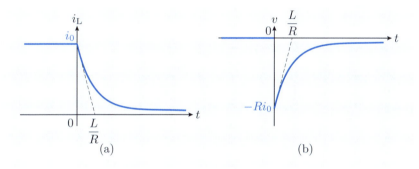

図 5.4 (a) $i_L$ の波形と (b) $v$ の波形

このように，$t = 0$ において $i_L$ は連続で，指数関数的に減衰する．$\tau = \frac{L}{R}$ が時定数となり，インダクタンスに比例し，抵抗に反比例する．つまり，長く時間をかけて放電するためにはインダクタンスを大きくしてエネルギーを多く蓄えておくか，抵抗を小さくして減衰を抑えるかということになる．抵抗に関する見方がキャパシタの場合とは逆になっていることが重要である[†]．また，インダクタの電圧は $t = 0$ で不連続になることがわかる．

---

[†] 大きい抵抗が減衰を激しくするのではない．

## 5.3 指数関数の複素化

2階の微分方程式を扱う前に指数関数の複素化を行う．指数関数を複素数に拡張すると，物理現象を扱う上で便利になる[†]．そのときに重要な役割を果たすのが**オイラーの関係式**

$$e^{j\theta} = \cos\theta + j\sin\theta \tag{5.7}$$

である[‡]．ただし，$j$ は虚数単位である[§]．右辺を**複素平面**に図示すると，図 5.5 のようになる．つまり，$\sqrt{\cos^2\theta + \sin^2\theta} = 1$ より $e^{j\theta}$ は複素平面における単位円上にあり，その**偏角**が $\theta$ ということになる．

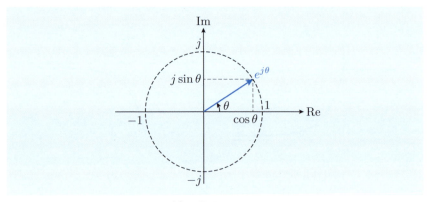

図 5.5　$e^{j\theta}$ の複素平面における図示

式 (5.7) が成立するのは，式 (5.7) の両辺が

$$\frac{df}{d\theta} - jf = 0$$

という複素数係数の微分方程式の，初期値 $f(0) = 1$ の解であることから確認できる[¶]．

また，$e^{j\theta}$ の大きさが 1 であることを考えると，$e^{j\theta}$ を乗じるということは，複素平面上で $\theta$ 回転させることに対応する．式 (5.7) においても，次に示す指

---

[†] 量子力学や相対論においても複素数は活躍する．
[‡] $\theta = \pi$ を代入すると $e^{j\pi} = -1$ という，不思議な関係式が得られる．
[§] 電気電子工学では電流に $i$ をよく用いるために，虚数単位には $j$ を用いる．
[¶] 複素数に対しても微分は実数と同様に行うものとする．

## 5.3 指数関数の複素化

数の和が積になる指数関数の重要な性質は成り立っている．

$$f(\theta_1 + \theta_2) = f(\theta_1)f(\theta_2)$$

複素数 $z = x + jy$ をその大きさ $|z| = \sqrt{x^2 + y^2}$ と偏角 $\theta$ を用いて**極座標**で表示すると，

$$z = x + jy = |z|e^{j\theta}$$

のように表示できる．このような極座標表示には指数関数が便利である．

複素数 $z = x + jy$ の**共役複素数**を $z^* = x - jy$ と表現すると，複素数の**実数部**を取り出す作用 $\mathrm{Re}[z]$ および**虚数部**を取り出す作用 $\mathrm{Im}[z]$ は次のように定義できる．

$$x = \mathrm{Re}[z] = \frac{z + z^*}{2}, \quad y = \mathrm{Im}[z] = \frac{z - z^*}{2j}$$

例として，$e^{j\theta}$，その共役複素数 $e^{-j\theta}$，$\cos\theta = \mathrm{Re}[e^{j\theta}]$，$\sin\theta = \mathrm{Im}[e^{j\theta}]$ の関係を図 5.6 に示す．このように，複素数の指数関数を用いて三角関数を表現することができる．このことを利用すると，単振動のような振動現象が見通し良く表現できる．

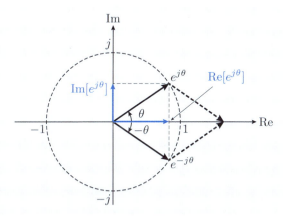

図 5.6　$e^{j\theta}$，その共役複素数 $e^{-j\theta}$，$\cos\theta = \mathrm{Re}[e^{j\theta}]$，$\sin\theta = \mathrm{Im}[e^{j\theta}]$ の関係

**56**　　　第 5 章　簡単な過渡現象

## 5.4　2 階の微分方程式の解

第 4 章にあったように，インダクタやキャパシタの個数が 2 個になると，2 階の微分方程式になる．2 階の同次微分方程式は一般に

$$a\frac{d^2f}{dt^2} + b\frac{df}{dt} + cf = 0 \tag{5.8}$$

と書ける．2 階の微分方程式の解も指数関数で記述できるが，2 つの**一次独立**な関数を求める必要がある．ここで，一次独立な解とは**一次従属**でない解であり，一次従属な解とは

$$f_1(t) = Af_2(t) \tag{5.9}$$

のように一方が他方の定数倍で書ける場合をいう．

1 階の微分方程式のときと同様に，解を指数関数 $f = Ae^{\lambda t}$ とおいて式 (5.8) に代入すると，

$$(a\lambda^2 + b\lambda + c)Ae^{\lambda t} = 0$$

となる．したがって，特性方程式は

$$a\lambda^2 + b\lambda + c = 0$$

となる．このように 2 階の微分方程式の場合，特性方程式が 2 次になる．特性方程式の解は**判別式** $D = b^2 - 4ac$ に応じて異なるので，場合分けして考える．

まず，$D > 0$ の場合は，2 つの異なる実数解 $\lambda_1, \lambda_2$ をもつので，一次独立な 2 つの指数関数が得られ，微分方程式の解はその重ね合わせ

$$f(t) = A_1e^{\lambda_1 t} + A_2e^{\lambda_2 t}$$

となる．このように 2 階の微分方程式の一般解は 2 つの任意定数を含む．

次に，$D < 0$ の場合は，2 つの異なる複素数解

$$\lambda_1 = -\alpha + j\omega, \quad \lambda_2 = -\alpha - j\omega$$

になる．ただし，$\alpha = \frac{b}{2a}, \omega = \frac{\sqrt{D}}{2a}$ である．この場合，解は

$$f(t) = A_1e^{(-\alpha+j\omega)t} + A_2e^{(-\alpha-j\omega)t} \tag{5.10}$$

と書ける．一見複素数の解に見えるが，初期値が実数の場合は $A_1 = A_2^*$ が成

## 5.4 2階の微分方程式の解

立するようにでき，解は

$$f(t) = 2\,\mathrm{Re}[A_1 e^{j\omega t}]e^{-\alpha t} \tag{5.11}$$

のように実数になる．式 (5.10) の第 1 項と第 2 項で $A_1 = A_2 = 1$ としたときの複素平面上での動きを図 5.7 に示す．$e^{(-\alpha + j\omega)t}$ は角振動数 $\omega$ で回転しながら，減衰定数 $\alpha$ で減衰していく太線の渦を描く．複素平面上を互いに逆向きに回転する渦になることで，その和は式 (5.11) の実数の減衰振動を表している．

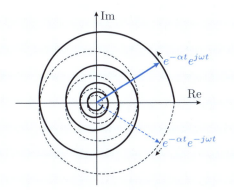

図 5.7　複素平面上の減衰振動とその共役

最後に，$D = 0$ の場合を考える．この場合は，重解になるために，特性方程式の解は $\lambda = -\alpha$ の 1 個になる．しかし，この場合の微分方程式の解としては，$e^{\lambda t}$ に加えて，$te^{\lambda t}$ があることが知られている[†]．したがって，一般解は

$$f(t) = A_1 e^{-\alpha t} + A_2 t e^{-\alpha t}$$

となる．

---

[†] 重解であることを考慮すると，微分方程式 (5.8) は $\left(\dfrac{d}{dt} - \lambda\right)^2 f(t) = 0$ と書けるが，解 $e^{\lambda t}$ は

$$\left(\dfrac{d}{dt} - \lambda\right) e^{\lambda t} = 0$$

のように 1 回作用させて 0 になる解，解 $te^{\lambda t}$ は

$$\left(\dfrac{d}{dt} - \lambda\right)^2 e^{\lambda t} = 0$$

のように 2 回作用させて初めて 0 になる解である．

## ■ 例題 5.2 (電気振動) ■

図 5.8 のようなインダクタとキャパシタからなる回路でキャパシタの初期電圧 $v_C = v_0$ の状態においてスイッチを閉じる．キャパシタの電圧とインダクタの電流を求め，図示せよ．

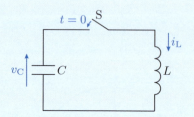

**図 5.8** インダクタとキャパシタからなる回路

【解答】 キルヒホッフの法則を考慮すると，$v$–$i$ 関係式は

$$v_C = L\frac{di_L}{dt}$$

$$i_L = -C\frac{dv_C}{dt}$$

となるので，キャパシタの電圧 $v_C$ の微分方程式は

$$LC\frac{d^2 v_C}{dt^2} + v_C = 0$$

となる．この場合は，インダクタとキャパシタを含むため，2 階の微分方程式となる．

解を $v_C = Ae^{\lambda t}$ とおいて代入すると，

$$(LC\lambda^2 + 1)Ae^{\lambda t} = 0$$

ここから，異なる 2 個の複素数解

$$\lambda = \pm\frac{j}{\sqrt{LC}}$$

が得られる．したがって，一般解は

$$v_C(t) = A_1 e^{j\frac{t}{\sqrt{LC}}} + A_2 e^{-j\frac{t}{\sqrt{LC}}} \tag{5.12}$$

となる．

任意定数 $A_1, A_2$ を定めるためには，$v_C, i_L$ の初期値を用いる．そのために，$i_L$ を求めると，

$$i_L(t) = -C\frac{dv_C}{dt} = -j\sqrt{\frac{C}{L}}\left(A_1 e^{j\frac{t}{\sqrt{LC}}} - A_2 e^{-j\frac{t}{\sqrt{LC}}}\right)$$

これらの一般解に $v_C(0) = v_0, i_L(0) = 0$ を代入すると，

$$A_1 + A_2 = v_0, \quad A_1 - A_2 = 0$$

より，

$$A_1 = A_2 = \frac{v_0}{2}$$

が得られる．したがって，

$$v_C(t) = v_0 \frac{e^{j\frac{t}{\sqrt{LC}}} + e^{-j\frac{t}{\sqrt{LC}}}}{2} = v_0 \cos\frac{t}{\sqrt{LC}} \tag{5.13}$$

のように，キャパシタの電圧は実数として得られる．

また，電流 $i_L$ は

$$i_L(t) = -C\frac{dv_C}{dt} = v_0\sqrt{\frac{C}{L}}\sin\frac{t}{\sqrt{LC}}$$

となるので，$v_C, i_L$ を図示すると図 5.9 のようになる．

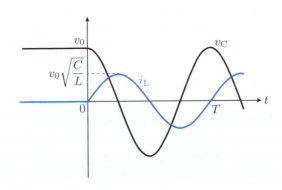

図 5.9　$v_C, i_L$ の波形

この振動は**電気振動**と呼ばれ，振動の**周期**は $T = 2\pi\sqrt{LC}$ となる[†]．力学における単振動と同様の現象である．電圧と電流の位相は $\frac{\pi}{2}$ だけずれ，電流の最大値 $i_{\max}$ は，エネルギーの関係

$$\frac{1}{2}Li_{\max}^2 = \frac{1}{2}Cv_0^2$$

から求めることもできる．

ここで，式 (5.13) において互いに共役な複素数 $v_0 e^{j\frac{t}{\sqrt{LC}}}, v_0 e^{-j\frac{t}{\sqrt{LC}}}$ から，実数 $v_0 \cos\frac{t}{\sqrt{LC}}$ が得られる様子は，複素平面上では**図 5.10** のように表現できる．電流はこの微分になるので，$j$ が係数としてかかり，位相が $\frac{\pi}{2}$ ずれる．

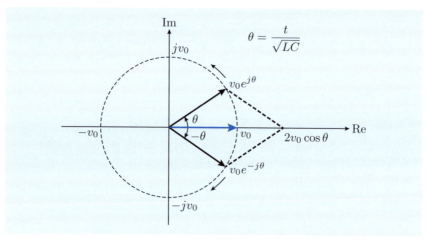

**図 5.10** 複素共役の互いに逆向きの回転が実軸上の振動を作り出す様子

この章では，電源を含まない回路として同次の微分方程式の解き方を学んだ．特に，オイラーの関係式による複素数を用いた考え方は，今後の章を学ぶためには必須となる．複素平面上の動きも含めてイメージできるようにしておくこと．また，直流電源を含む非同次の方程式を扱う第 6 章に進むには，2 階までの同次微分方程式を解けるようにしておくこと．下記演習問題を解いてこの章の理解度を確認してほしい．

---

[†] 周波数 $f = \frac{1}{2\pi\sqrt{LC}}$ は**固有振動数**と呼ばれる．

# 5章の演習問題

**5.1** $e^{(-1+j)t}$ の複素平面上での軌跡，実数部の波形，虚数部の波形を書け．

**5.2** 次の微分方程式の解を求めよ．ただし，$x(0)=0, \frac{dx}{dt}(0)=1$ とする．

$$\frac{d^2x}{dt^2} + 2\frac{dx}{dt} + 2x = 0$$

**5.3** $v = e^{\lambda t} + e^{\lambda^* t}$ が解となるような微分方程式を求めよ．

**5.4** 図 5.1 の回路において，過渡状態において抵抗で消費される電力を積分したものは，初期状態でキャパシタに蓄積されているエネルギーに等しいことを確認せよ．

**5.5** 図 5.11 は，損失のある電気振動の回路である．抵抗 $R=0$ の場合は周期振動であるが，損失が少しあると減衰振動になる．さらに抵抗が大きい場合は過渡現象が振動的でなくなる．振動的と非振動的の境界となる $R$ を求めよ．

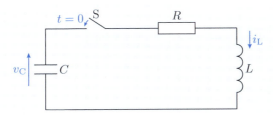

図 5.11　損失のある電気振動

# 第6章

# 直流電源を含む回路の過渡現象

この章では直流電源を含む回路の微分方程式を解く方法を学ぶ. また, インダクタとスイッチを用いて直流の電圧を上昇させる昇圧コンバータにおける現象について, 実際に微分方程式を解くことで, その仕組みを学習する. さらに, 高速にスイッチを動作させる DC–DC コンバータの考え方を学ぶ.

## 6.1 非同次式と同次式の関係

**非同次方程式**とは, 微分方程式の状態変数 $f$ を左辺にもってきたときに, 回路の場合は右辺に電源の項が現れ,

$$\frac{df}{dt} + af = e(t) \tag{6.1}$$

のような形になるものである. 非同次方程式の一般解は, 1 個だけ**特解** (special solution)[†] を見つけられれば, あとは右辺を 0 にした同次方程式の一般解を加えておけば良い.

なぜそのようなことがいえるかは, 代数方程式の場合を考えるとわかりやすい. 代数方程式の場合も, 同次方程式と非同次方程式は下記のように対応付けられる.

$$ax + by = 0 \tag{6.2}$$

$$ax + by = c \tag{6.3}$$

式 (6.2) が変数 $(x, y)$ の同次方程式で, 図 6.1 の原点を通る直線を表している. 式 (6.3) は非同次方程式で, この式の解は図 6.1 の原点を通らない直線上

---

[†] **特殊解**ともいう.

## 6.1 非同次式と同次式の関係

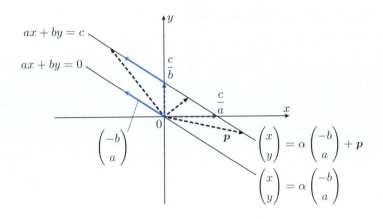

図 6.1 同次式と非同次式

にある.

同次方程式 (6.2) の一般解である原点を通る直線をパラメータ表示すると,

$$\begin{pmatrix} x \\ y \end{pmatrix} = \alpha \begin{pmatrix} -b \\ a \end{pmatrix} \tag{6.4}$$

となる. ここで, $\alpha$ がパラメータであるが, 微分方程式の場合と同様に任意定数を含んだ一般解と考えても良い. 一方, 非同次方程式 (6.3) の一般解は, 1 個だけ非同次方程式 (6.3) を満たす点 $\boldsymbol{p}$ を見つければ,

$$\begin{pmatrix} x \\ y \end{pmatrix} = \alpha \begin{pmatrix} -b \\ a \end{pmatrix} + \boldsymbol{p} \tag{6.5}$$

と書ける. ここで, $\boldsymbol{p}$ は非同次方程式の解であれば何でも良くて, 例えば, 図 6.1 にあるように, $x$ 切片や $y$ 切片を選ぶと次のようになる.

$$\begin{pmatrix} \frac{c}{a} \\ 0 \end{pmatrix}, \quad \begin{pmatrix} 0 \\ \frac{c}{b} \end{pmatrix} \tag{6.6}$$

微分方程式の場合も, 同次方程式と非同次方程式の関係は同様であるため, 1 個だけ特解を見つければ, あとは同次方程式の一般解を付け加えることで非同次方程式の一般解が得られる.

## 6.2 非同次方程式の解

まず直流電源の場合の解を考える．直流電源の場合 $e(t) = E$ のように電源は定数になる．この場合の特解は，やはり定数のものが存在する．そこで特解を定数 $c$ とおいて

$$f(t) = c \tag{6.7}$$

とし，微分方程式 (6.1) に代入すると，

$$ac = E \tag{6.8}$$

より，

$$c = \frac{E}{a}$$

が得られる．あとは，同次方程式の一般解を加えて，非同次方程式の一般解は $A$ を任意定数として，

$$f(t) = Ae^{-at} + \frac{E}{a} \tag{6.9}$$

で与えられる．ここでは定数の特解を選んだが，特解の選び方には任意性があり，式 (6.9) において定数 $A$ の選び方の自由度の特解がある．

■ **例題 6.1（充電回路）** ■

図 6.2 の回路において，初期電圧 $v_C(0) = 0$ の状態で時刻 $t = 0$ にスイッチ S を閉じた．その後のキャパシタの電圧 $v_C$ と電流 $i$ を求め，図示せよ．

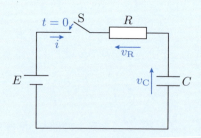

図 6.2 キャパシタの充電回路

## 6.2 非同次方程式の解

**【解答】** 微分方程式は，第 4 章で扱ったように，次のようになる．

$$CR\frac{dv_C}{dt} + v_C = E$$

特解を $v_C = c$ とおくと，直ちに $c = E$ が得られる．あとは同次方程式の解 (5.4) を加えて，一般解は

$$v_C(t) = Ae^{-\frac{t}{CR}} + E \tag{6.10}$$

となる．初期値 $v_C(0) = 0$ を代入すると，

$$v_C(0) = A + E = 0$$

より，$A = -E$ となり，解は

$$v_C(t) = E\left(1 - e^{-\frac{t}{CR}}\right)$$

となる．電流は，

$$i(t) = C\frac{dv_C}{dt} = \frac{E}{R}e^{-\frac{t}{CR}}$$

で得られる．これらを図示すると，図 6.3 となる．

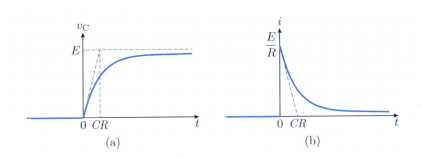

図 6.3 $v_C$ と $i$ の波形

第 5 章で扱った放電の場合と同様に時定数 $CR$ で充電が行われ，十分時間がたつと特解として用いた $E$ に近づく．また，電流 $i$ は $t = 0$ において不連続になる．

## 6.3 インダクタによる昇圧

図 6.4 の回路を使って，直流の電圧を上げる昇圧の仕組みを考える．ただし，ダイオードは理想ダイオードとする．初め $i_L = 0$, $v_C = v_0$ から，$t = 0$ においてスイッチ S を短時間 $\tau$ だけ閉じて，その後開くものとする．

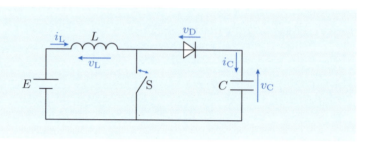

図 6.4　昇圧の仕組みを考える回路

まずスイッチ S が閉じた状態を考える．キャパシタの電圧 $v_C = v_0 > 0$ とすると，ダイオードの左側はスイッチが閉じられているとき電圧 0 なので，$v_D < 0$ となり，ダイオードには電流は流れない．したがって，キャパシタの電圧は $v_0$ から変化せず，インダクタと電源の回路は次の方程式を満たす．

$$L\frac{di_L}{dt} = E$$

この微分方程式は直接積分でき，初期値 $i_L(0) = 0$ に注意すると，

$$i_L(t) = \frac{E}{L}t$$

となる．

次に，$t = \tau$ でスイッチ S を開ける．この時点で，

$$i_L(\tau) = \frac{E}{L}\tau$$

$$v_C(\tau) = v_0$$

になっている．インダクタの電流とキャパシタの電圧は連続なので，この値からスイッチが開かれた回路を考えれば良い．

スイッチ S が開かれるとインダクタの電流 $i_L > 0$ は連続なので，ダイオー

## 6.3 インダクタによる昇圧 67

ドに電流が流れ始める．理想ダイオードの部分は電圧降下がないので，キルヒホッフの法則は

$$v_C + v_L = E$$

$$i_L = i_C$$

となる．また，$v\text{--}i$ 関係から

$$v_L = L\frac{di_L}{dt}$$

$$i_C = C\frac{dv_C}{dt} \tag{6.11}$$

となる．これらを整理すると，キャパシタの電圧の微分方程式は

$$LC\frac{d^2 v_C}{dt^2} + v_C = E$$

となる．特解は $v_C = E$ なので，同次方程式の解と合わせて一般解は

$$v_C(t) = A_1 e^{j\frac{t-\tau}{\sqrt{LC}}} + A_2 e^{-j\frac{t-\tau}{\sqrt{LC}}} + E \tag{6.12}$$

となる†．また，電流 $i_L$ は式 (6.11) より一般解は

$$i_L(t) = j\sqrt{\frac{C}{L}}\left(A_1 e^{j\frac{t-\tau}{\sqrt{LC}}} - A_2 e^{-j\frac{t-\tau}{\sqrt{LC}}}\right) \tag{6.13}$$

となる．$t = \tau$ において，

$$v_C = v_0, \quad i_L = \frac{\tau E}{L}$$

を式 (6.12), (6.13) に代入すると，

$$A_1 = \frac{1}{2}\left(v_0 - E - j\frac{E\tau}{\sqrt{LC}}\right)$$

$$A_2 = \frac{1}{2}\left(v_0 - E + j\frac{E\tau}{\sqrt{LC}}\right)$$

が得られる．$A_1 e^{j\frac{t-\tau}{\sqrt{LC}}}$ の $t > \tau$ における時間変化を複素平面上で描くと図 6.5 (a) のようになる．時刻 $t = \tau$ において複素数 $A_1$ であり，時間とともに角周波数 $\frac{1}{\sqrt{LC}}$ で複素平面上を回転する．この項自体は時間とともにずっと回転するように見えるが，実際の回路ではダイオードの1方向性のためキャパシ

---

†$t = \tau$ を基準に考えてあるので，時間の平行移動 $t - \tau$ が施されている．

タの電圧は減少することなく，実軸と交わる点で定常状態になる．$A_2 e^{-j\frac{t-\tau}{\sqrt{LC}}}$ は，その複素共役なので，実軸に対して $A_1 e^{j\frac{t-\tau}{\sqrt{LC}}}$ と対称な動きをする．結局，波形は実数になり，図 6.5 (b) のようになる．電圧は最大値 $2|A_1|+E$ まで充電される．スイッチ S が閉じられている間に，インダクタにエネルギーが蓄積され，スイッチ S が開けられると，電流の連続性によりキャパシタに向けてエネルギーが放電され，昇圧が実現される．インダクタの電流が減少する間は自己起電力により $v_L < 0$ となり，この電圧でキャパシタに充電されているともいえるが，インダクタの電流の連続性で考えた方が直接的である．

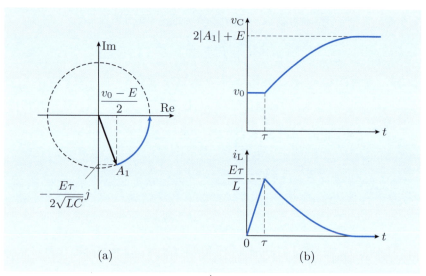

図 6.5 (a) 複素平面上の $A_1 e^{j\frac{t-\tau}{\sqrt{LC}}}$ の動きと (b) 電圧 $v_C(t)$，電流 $i_L(t)$ の波形

## 6.4 DC-DC コンバータ

直流の電圧源の電圧を上げたり下げたりする回路を **DC–DC コンバータ**と呼ぶ．実際に用いられる**昇圧回路**は前節の仕組みを用いて図 6.6 の回路で構成される．図中の a–a′ を入力ポート，b–b′ を出力ポートとしており，電圧源の電圧 $E$ が昇圧されて，**負荷抵抗** $R$ に出力される．また，スイッチ S は実際には高速に ON/OFF が繰り返される．前節と同様にこの回路の方程式を解くこともできるが，十分短い周期で ON/OFF を繰り返すことを考慮すると，より単純に仕組みを理解することができる．

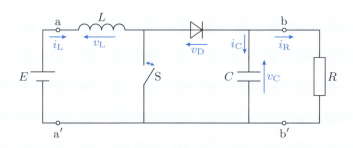

図 6.6　直流の昇圧回路

まず，スイッチ S を閉じた時刻を $t = 0$ とし，そのとき，

$$i_L(0) = i_0, \quad v_C(0) = v_0$$

であるとする．スイッチを閉じた状態の回路は図 6.7 であり，左はインダクタ

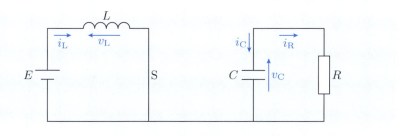

図 6.7　スイッチ S が閉じられた場合

の充電，右はキャパシタの放電の回路になる．前節と同様に，

$$L\frac{di_{\mathrm{L}}}{dt} = E$$

$$C\frac{dv_{\mathrm{C}}}{dt} = -\frac{v_{\mathrm{C}}}{R}$$

とすると，微小時間 $\Delta t_1$ の間の $i_{\mathrm{L}}$ の微小変化 $\Delta i_1$，$v_{\mathrm{C}}$ の微小変化 $\Delta v_1$ は

$$\Delta i_1 = \frac{E}{L}\Delta t_1 \tag{6.14}$$

$$\Delta v_1 = -\frac{v_0}{CR}\Delta t_1 \tag{6.15}$$

となる†．この間は，インダクタは充電されるため電流は増加，キャパシタは放電するため電圧は減少する．

次にスイッチ S を開けると図 6.8 の回路になる．インダクタの電流 $i_{\mathrm{L}}$ とキャパシタの電圧 $v_{\mathrm{C}}$ の満たす関係式は

$$L\frac{di_{\mathrm{L}}}{dt} = E - v_{\mathrm{C}}$$

$$C\frac{dv_{\mathrm{C}}}{dt} = i_{\mathrm{L}} - \frac{v_{\mathrm{C}}}{R}$$

となるので，微小時間 $\Delta t_2$ の間のそれぞれの微小変化 $\Delta i_2$, $\Delta v_2$ は

$$\Delta i_2 = -\frac{v_0 - E}{L}\Delta t_2 \tag{6.16}$$

$$\Delta v_2 = \frac{i_0 - \frac{v_0}{R}}{C}\Delta t_2 \tag{6.17}$$

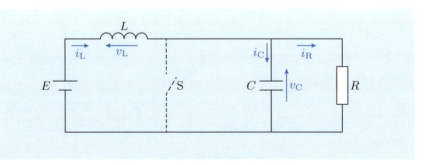

図 6.8 スイッチ S が開かれた場合

---

†2 次の微小量は無視している．

となる[†]．この間は，インダクタは放電して電流は減少，キャパシタは充電して電圧は上昇する．

$\Delta t_1 + \Delta t_2$ を周期として繰り返したときの，定常状態を考える．1 周期中のスイッチ S が ON の時間の割合（デューティ比）を

$$D = \frac{\Delta t_1}{\Delta t_1 + \Delta t_2} \tag{6.18}$$

とおく．このとき，定常状態においては周期性から

$$\Delta i_1 + \Delta i_2 = 0 \tag{6.19}$$

$$\Delta v_1 + \Delta v_2 = 0 \tag{6.20}$$

が成り立つことを考慮して，式 (6.19), (6.20) に式 (6.14), (6.15), (6.16), (6.17) を代入して，$v_0, i_0$ を求めると，

$$v_0 = \frac{1}{1-D} E \tag{6.21}$$

$$i_0 = \frac{1}{1-D} \frac{E}{R} \tag{6.22}$$

となる．$0 < D < 1$ を考慮すると，出力電圧や電流が増加していることがわかる．定常状態の微小時間 $T$ の間の電圧と電流の変化を示すと図 6.9 のようになる．

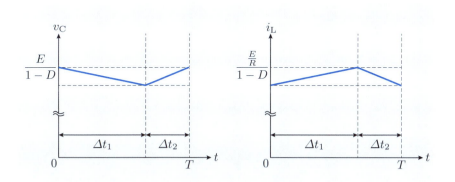

図 6.9　電圧と電流の変化

---

[†] 2 次の微小量は無視している．

このように，直流の電圧の上げ下げにはインダクタとキャパシタを含む回路において，高速なスイッチを利用する方法が一般的であり，**パワーエレクトロニクス**と呼ばれる．スイッチが高速に開閉することを利用すると，微分方程式を解かずに簡易な解析も可能になる．しかし，実際的な回路において回路素子のパラメータを決めたり，動作を議論したりするためには，回路シミュレータの利用が便利である．回路シミュレータを用いた具体的な DC–DC コンバータの扱いを知りたい場合は直接第 12 章に進んでも良い．一方，交流電源を扱う第 7 章に進むためには，直流電源を含む 2 階までの非同次の微分方程式が解けるようにしておくこと．下記の演習問題によりこの章の理解度を確認してほしい．

## 6 章の演習問題

☐ **6.1** 図 6.10 の回路において $t=0$ にスイッチを閉じた．$v_1, v_2$ を求めよ．また，$R = \sqrt{\frac{L}{C}}$ のとき，$i$ を求めよ．ただし，インダクタの初期電流とキャパシタの初期電圧は 0 とする．

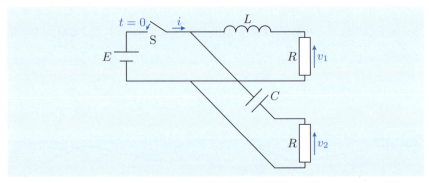

図 6.10 分波器

☐ **6.2** 図 6.4 の回路において，$v_0 = E, \tau = \sqrt{LC}$ として 6.3 節の操作を行うと，$v_C = 2E$ に充電される．スイッチを開けたあとにインダクタからキャパシタに供給されるエネルギーと電池からキャパシタに供給されるエネルギーを求めよ．

☐ **6.3** 図 6.6 の回路において $E = 1.5\,\text{V}$ を 2 倍の 3 V に昇圧することを考える．$R = 100\,\Omega$ のとき，インダクタンス $L = 10\,\text{mH}$，キャパシタンス $C = 10\,\mu\text{F}$ として，6.4 節の仮定が成り立つためには $\Delta t_1, \Delta t_2$ をどのように設定すれば良いか．

☐ **6.4** 図 6.6 の回路は電源電圧よりも大きな電圧を取り出す DC–DC コンバータであったが，図 6.11 の回路は $E$ よりも低い電圧を取り出す降圧の DC–DC コンバータである．十分高速にスイッチを開閉した場合，6.4 節と同様の考え方で $v_C$ を求めよ．ただし，スイッチが閉じられた状態（時間 $\Delta t_1$）ではダイオードは導通しておらず，スイッチが開かれた状態（時間 $\Delta t_2$）ではダイオードは導通しているものとする．

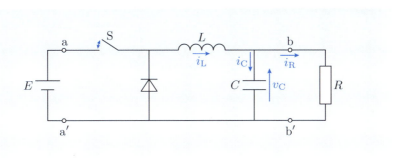

**図 6.11** 降圧の **DC–DC コンバータ**

☐ **6.5** 実際に図 6.4 の回路を作成し，スイッチの ON/OFF を繰り返すことにより，昇圧させられることを確認せよ．

# 第7章

# 交流電源を含む回路の過渡現象

この章では，交流電源を含む回路の微分方程式の解き方を学ぶ．三角関数の代わりに複素化した指数関数を考えることで，自然に交流回路も扱えることがわかる．また，複素化による表現を拡張することで，微分方程式をたてることなく，交流回路の定常状態が導出できることを学ぶ．

## 7.1 複素数表現を用いた解

交流電源を含む回路の場合は，非同次方程式の右辺の電源項が三角関数になる．例として，右辺が $E\cos\omega t$ の場合の非同次微分方程式 (7.1) を考える．

$$\frac{df}{dt} + af = E\cos\omega t \tag{7.1}$$

この場合も特解を 1 個求めれば，あとは同次方程式の一般解を加えて，非同次方程式の一般解が得られる．特解を考える上で，右辺が三角関数の場合よりも指数関数の方が見通しがよいので[†]，準備として右辺を $E\sin\omega t$ にした次のような方程式を導入する．

$$\frac{df'}{dt} + af' = E\sin\omega t \tag{7.2}$$

式 (7.2) の両辺に虚数単位 $j$ をかけて，式 (7.1) に加えると，複素数 $f + jf'$ に関する方程式ができる．

$$\left(\frac{d}{dt} + a\right)(f + jf') = E(\cos\omega t + j\sin\omega t) \tag{7.3}$$

---

[†] この指数関数表現は次章の交流回路理論につながる重要なステップなので，右辺が三角関数の場合の解法を既に知っている場合も必ずこの解き方をマスターすること．

## 7.1 複素数表現を用いた解 **75**

ここで，複素数 $z = f + jf'$ とおいて，オイラーの関係式を用いると，右辺が指数関数の複素状態変数 $z(t)$ に関する微分方程式 (7.4) が得られる．

$$\frac{dz}{dt} + az = Ee^{j\omega t} \tag{7.4}$$

このように，もともと実数の変数 $f(t)$ を

$$f(t) = \mathrm{Re}[z(t)]$$

を満たす形で $z(t)$ に複素化して考える．その結果右辺が指数関数になって，微分方程式の特解が求めやすくなる．

右辺が指数関数の場合，特解は同じ指数をもつ指数関数になり，$c$ を複素数の定数として

$$z(t) = ce^{j\omega t}$$

の形で与えられる．実際，これを代入すると

$$\left(\frac{d}{dt} + a\right) ce^{j\omega t} = Ee^{j\omega t}$$

より，

$$(j\omega + a)\, ce^{j\omega t} = Ee^{j\omega t}$$

となる．さらに，両辺を $e^{j\omega t}$ で割って整理すると，

$$c = \frac{E}{a + j\omega}$$

が得られる．したがって，式 (7.4) の特解として，

$$z(t) = \frac{E}{a + j\omega} e^{j\omega t} \tag{7.5}$$

が求まる．式 (7.3) の微分方程式の係数は実数であるので，実際はこの複素数の特解は実数部と虚数部に分けて考えれば良く，実数部が式 (7.1) の特解，虚数部を $j$ で割ったものが式 (7.2) の特解になっている．

$z$ の実数部を求めるために，式 (7.5) の分母である複素数 $a + j\omega$ の極座標表示

$$a + j\omega = \sqrt{a^2 + \omega^2}\, e^{j\theta}, \quad \tan\theta = \frac{\omega}{a}$$

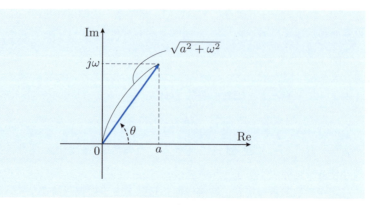

**図 7.1** $a + j\omega$ の極座標表示

を利用する (図 7.1). 逆数 $\frac{1}{a+j\omega}$ の場合は偏角が $-\theta$ になることに注意すると,

$$z = \frac{Ee^{-j\theta}}{\sqrt{a^2+\omega^2}} e^{j\omega t}$$
$$= \frac{E}{\sqrt{a^2+\omega^2}} e^{j(\omega t - \theta)} \quad (7.6)$$

のように書き換えられる. したがって, 式 (7.1) の特解として

$$f(t) = \text{Re}[z(t)]$$
$$= \frac{E}{\sqrt{a^2+\omega^2}} \cos(\omega t - \theta)$$

が得られる. あとは同次方程式の一般解を加えて, 非同次方程式 (7.1) の一般解は

$$f(t) = Ae^{-at} + \frac{E}{\sqrt{a^2+\omega^2}} \cos(\omega t - \theta)$$

となる. この場合も, 回路では損失のため $a > 0$ になることから, 十分時間がたてば同次方程式の解は減衰し, 定常状態では特解により導出した項のみが残る. つまり, 交流電源の回路においては, 十分時間がたつと, その交流の周波数の成分のみになることがわかる.

### ■ 例題 7.1（インダクタ負荷の回路）■

図 7.2 のようなインダクタを含む負荷の交流回路について，インダクタの電流を求め，その波形を図示せよ．

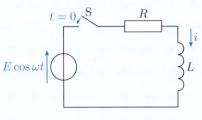

**図 7.2** インダクタ負荷の回路

【解答】 回路方程式は

$$L\frac{di}{dt} + Ri = E\cos\omega t$$

で与えられる．これを複素化すると，

$$\left(L\frac{d}{dt} + R\right)z = Ee^{j\omega t}$$

となり，特解を $z = ce^{j\omega t}$ とおくと，

$$(j\omega L + R)ce^{j\omega t} = Ee^{j\omega t}$$

より

$$c = \frac{E}{j\omega L + R}$$

となる．したがって，複素化された方程式の特解は

$$z = \frac{E}{j\omega L + R}e^{j\omega t} = \frac{E}{\sqrt{(\omega L)^2 + R^2}}e^{j(\omega t - \theta)} \tag{7.7}$$

となる（図 7.3）．

これの実数部より，特解は

$$i(t) = \mathrm{Re}[z(t)] = \frac{E}{\sqrt{(\omega L)^2 + R^2}}\cos(\omega t - \theta) \tag{7.8}$$

となり，同次式の一般解は $i(t) = Ae^{-\frac{R}{L}t}$ なので，非同次方程式の一般解は

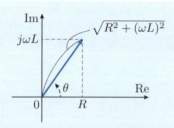

図 7.3　$R + j\omega L$ の極座標表示

$$i(t) = Ae^{-\frac{R}{L}t} + \frac{E}{\sqrt{(\omega L)^2 + R^2}} \cos(\omega t - \theta)$$

で与えられる．初期値 $i(0) = 0$ を代入して

$$i(0) = A + \frac{E}{\sqrt{(\omega L)^2 + R^2}} \cos\theta = 0$$

したがって，任意定数 $A$ は

$$A = -\frac{E}{\sqrt{(\omega L)^2 + R^2}} \cos\theta$$

となるので，解は次のようになる．

$$i(t) = \frac{E}{\sqrt{(\omega L)^2 + R^2}} \left\{ -e^{-\frac{R}{L}t} \cos\theta + \cos(\omega t - \theta) \right\}$$

この時間波形を図示すると，図 7.4 のようになる．

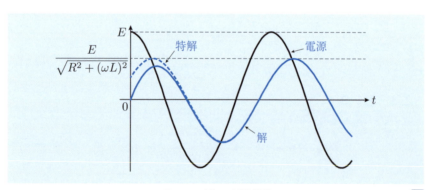

図 7.4　解の時間波形

電源 $E\cos\omega t$ に対して,電流は初期値 $i(0)=0$ から時定数 $\frac{L}{R}$ で指数関数的に定常状態に近づく.定常状態では電流は電源に対して位相 $\theta$ だけ遅れた振幅

$$\frac{E}{\sqrt{(\omega L)^2+R^2}}$$

の交流になる.定常状態を知りたければ,特解に相当する部分の振幅と位相がわかれば良いことがわかる.

定常状態については,式 (7.7) に基づいて複素平面上で表現するとわかりやすい.図 7.5 に示すように,複素化された電源 $Ee^{j\omega t}$ より位相が $\theta$ だけ遅れている.

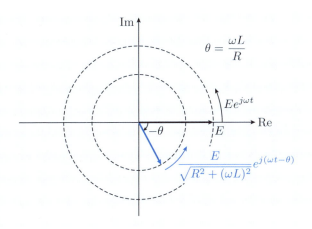

図 7.5　複素化された特解

## 7.2 直列共振回路

図 7.6 の直列共振回路の過渡現象を考える．この回路の $v_C$ に関する微分方程式は，4.6 節のように

$$LC\frac{d^2 v_C}{dt^2} + CR\frac{dv_C}{dt} + v_C = E\cos\omega t \quad (7.9)$$

で与えられる．これを複素化すると $LC\dfrac{d^2 z}{dt^2} + CR\dfrac{dz}{dt} + z = Ee^{j\omega t}$ となり，複素数の特解 $z = ce^{j\omega t}$ は，

$$\begin{aligned} z &= \frac{E}{1 - \omega^2 LC + j\omega CR} e^{j\omega t} \\ &= \frac{Ee^{-j\theta}}{\sqrt{(1-\omega^2 LC)^2 + (\omega CR)^2}} e^{j\omega t} \end{aligned} \quad (7.10)$$

となる．したがって，実数としての特解は

$$v_C(t) = \text{Re}[z(t)] = \frac{E}{\sqrt{(1-\omega^2 LC)^2 + (\omega CR)^2}} \cos(\omega t - \theta) \quad (7.11)$$

となる．これは，定常状態では $v_C(t)$ は電源と同じ角周波数 $\omega$ で振動し，位相は $\theta$ だけ遅れ，大きさが $\dfrac{E}{\sqrt{(1-\omega^2 LC)^2 + (\omega CR)^2}}$ となることを示している．解を与えるためには，同次方程式の独立な解 2 個を加えて，2 個の任意定数をキャパシタの電圧 $v_C$ と電流 $i$ の初期値から求めれば良い．ただし，難しくはないが計算量は多くなる．このように，特解は比較的容易に求められても，最終的な過渡現象の解の計算量が多くなる．そこで，次節ではインダクタやキャパシタの数が増えて，より高次になった場合についての特解と同次方程式の解について，その性質を改めて考える．

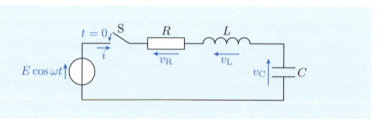

図 7.6　直列共振回路

## 7.3 特解と同次方程式の解の性質

次のようなより高次の方程式を考える.

$$\left(a_n \frac{d^n}{dt^n} + a_{n-1} \frac{d^{n-1}}{dt^{n-1}} + \cdots + a_0\right) f = E\cos\omega t$$

回路の場合では,インダクタとキャパシタが合わせて $n$ 個あればこのような方程式になる.この場合,同次方程式の解を得るには代数方程式

$$a_n \lambda^n + a_{n-1} \lambda^{n-1} + \cdots + a_0 = 0$$

を解いて,$n$ 個の独立な解を求める必要があるが,5 次以上の代数方程式の解の公式は無いため,計算機を用いて数値的に解く必要がある.

一方で,特解については複素化して,

$$\left(a_n \frac{d^n}{dt^n} + a_{n-1} \frac{d^{n-1}}{dt^{n-1}} + \cdots + a_0\right) z = E e^{j\omega t}$$

とすれば,直ちに複素化された方程式の特解

$$z = \frac{E}{a_n (j\omega)^n + a_{n-1} (j\omega)^{n-1} + \cdots + a_0} e^{j\omega t}$$

を求めることができる.

また,回路は損失を含むため,同次方程式の解の項は時間とともに減衰し,十分時間がたった定常状態では角周波数 $\omega$ の特解の項のみが残る.定常状態においては,交流波形の振幅と位相の情報のみがあれば十分である.つまり,定常状態だけ知りたければ,容易に得られる特解だけ求めれば良いことになる.

**82** 第 7 章　交流電源を含む回路の過渡現象

## ▍ **7.4　変数の複素数表現**

特解だけを求めると割り切ると，微分方程式を立式する部分を省略できる．例えば，第 4 章でも行った図 **7.6** の回路の微分方程式をたてる場合は，キルヒホッフの法則から $v_R + v_L + v_C = E \cos \omega t$ を用い，$v$–$i$ 関係から次の式を用いた．

$$v_R = Ri \tag{7.12}$$

$$v_L = L\frac{di}{dt} \tag{7.13}$$

$$i = C\frac{dv_C}{dt} \tag{7.14}$$

ここでこの時点で複素化した特解を扱うことを考える．すなわち複素数 $V_R$, $V_L$, $V_C$, $I$ を用いて，各変数 $v_R$, $v_L$, $v_C$, $i$ を

$$v_R(t) = \mathrm{Re}[V_R e^{j\omega t}] \tag{7.15}$$

$$v_L(t) = \mathrm{Re}[V_L e^{j\omega t}] \tag{7.16}$$

$$v_C(t) = \mathrm{Re}[V_C e^{j\omega t}] \tag{7.17}$$

$$i(t) = \mathrm{Re}[I e^{j\omega t}] \tag{7.18}$$

のように表現する．複素数 $A$ に対して時刻によらず $\mathrm{Re}[Ae^{j\omega t}] = 0$ ならば $A = 0$ が成立することからキルヒホッフの法則は複素数でも成立し，

$$V_R + V_L + V_C = E \tag{7.19}$$

となる．また，$\frac{d}{dt}\mathrm{Re}[Ae^{j\omega t}] = \mathrm{Re}[\frac{d}{dt}Ae^{j\omega t}]$ に注意すると，$v$–$i$ 関係は

$$V_R = RI \tag{7.20}$$

$$V_L = j\omega L I \tag{7.21}$$

$$I = j\omega C V_C \tag{7.22}$$

のように書ける．式 (7.20), (7.21), (7.22) を式 (7.19) に代入すると，直ちに

$$V_C = \frac{E}{1 - \omega^2 LC + j\omega CR}$$

が得られ，これは式 (7.10) を求めたことになる．

## 7.5 複素数表現の物理的解釈

前節では，微分を含む $v$–$i$ 関係式 (7.12), (7.13), (7.14) は複素化することで複素数の $V$–$I$ 関係 (7.20), (7.21), (7.22) に置き換わった．そこでは，微分や積分は登場しないが，比例関係の係数が複素数になっている．複素数の $V$–$I$ 関係を複素平面で図示すると図 7.7 のようになる．図 7.7 (a) は，抵抗の場合は電流と電圧の位相が等しいことを示している．これはオームの法則がそのまま複素化されたと考えてよい．図 7.7 (b) はインダクタの場合，電圧の位相が $\frac{\pi}{2}$ だけ電流に比べて進むことを示している．これはもともと電流の微分であったものが，$j\omega$ 倍されることになり，係数が複素数になったためである．図 7.7 (c) はキャパシタの場合，電圧の位相が電流に比べて $\frac{\pi}{2}$ だけ遅れることを示している．これは電流が電圧の微分であることを反映している．このように，複素化された変数の $V$–$I$ 関係を用いることで，交流回路の定常状態に関する解釈が可能になる．

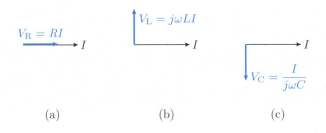

図 7.7　物理量の複素数表現

この章では，交流電源を含む回路について，変数を複素化することにより，見通し良く特解が求められることを学んだ．さらに詳しい過渡現象の扱いは「過渡現象論」を学ぶと良い．第 8 章に進むためには，2 階までの微分方程式について，複素化により特解を求める方法が理解できるようにすること．下記演習問題によりこの章の理解度を確認してほしい．

## 7章の演習問題

□ **7.1** 次の微分方程式を複素化して解け．ただし $x(0) = 3, \frac{dx}{dt}(0) = 0$ とする．

$$\frac{d^2x}{dt^2} + 3\frac{dx}{dt} + 2x = 10\cos t$$

□ **7.2** 次の微分方程式を複素化して解け．ただし $x(0) = 0$ とする．

$$\frac{dx}{dt} + x = \sin\omega t$$

□ **7.3** 図 7.8 の回路において，スイッチを閉じて十分時間がたった定常状態における波形 $i(t), v_R(t), v_C(t)$ を求めよ．

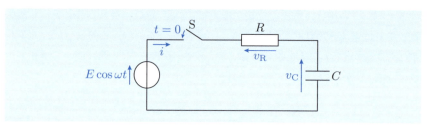

図 7.8　キャパシタ負荷の交流回路

□ **7.4** 上の問題における定常状態の $E\cos\omega t, i(t), v_R(t), v_C(t)$ を複素平面上に描け．

□ **7.5** 図 7.9 において定常状態の $v_1, v_2$ を求めよ．また $R = \sqrt{\frac{L}{C}}$ の場合の $i$ を求めよ．

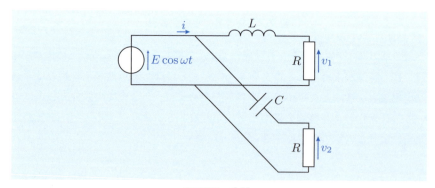

図 7.9　分器

# 第8章

# 交 流 回 路

　　前章の複素化に基づいて交流を表現するフェーザを導入し，交流理論の手法を学ぶ．複素数を用いることで，見通し良く解析が可能になる．また，交流理論に基づき共振の考え方を学習する．さらに複素電力を学ぶことで，交流の電力伝送の仕組みについて学習する．

## 8.1　フェーザ

　　前章で導入した複素数による交流電圧や電流の表現は**フェーザ**（phasor）と呼ばれ，これを用いることで，微分方程式を用いずに交流回路の定常現象を議論できる．この章では，このようなフェーザを用いた解析を導入する[†]．

　　フェーザは次のように時間波形 $v(t)$ と関係付けられた複素数 $V$ として定義できる[‡]．ただし，$|V|$ は複素数 $V$ の大きさ，$\theta$ は偏角を表す．

$$v(t) = \mathrm{Re}[V e^{j\omega t}] = |V| \cos(\omega t - \theta) \tag{8.1}$$

　　このような複素数のフェーザに対しても，**キルヒホッフの法則**が成立することは次のように確認できる．例えば，キルヒホッフの電圧則 $v_1(t) + v_2(t) + v_3(t) = 0$ が成立していたとする．このとき，これらのフェーザ表現を代入すると，

$$\begin{aligned}
v_1(t) + v_2(t) + v_3(t) &= \mathrm{Re}[V_1 e^{j\omega t}] + \mathrm{Re}[V_2 e^{j\omega t}] + \mathrm{Re}[V_3 e^{j\omega t}] \\
&= \mathrm{Re}[(V_1 + V_2 + V_3) e^{j\omega t}] = 0
\end{aligned} \tag{8.2}$$

より，フェーザに対してもキルヒホッフの電圧則 $V_1 + V_2 + V_3 = 0$ が成立する．電流則も同様に示すことができ，フェーザに対してもキルヒホッフの法則が適用できることがわかる．

---

[†] この章では微分方程式は扱わないが，前章における特解としての位置付けは常に意識する方がよい．
[‡] フェーザと時間波形との対応付けは他にもあるので注意は必要である．

## 8.2 インピーダンス

図 8.1 の回路において，フェーザにより表現された電圧 $V$ と電流 $I$ の間には比例関係が成立し，その比例係数を $Z$ とおくと，

$$V = ZI$$
$$= \left(R + j\omega L + \frac{1}{j\omega C}\right) I \tag{8.3}$$

と書ける．このように，フェーザの $V$–$I$ 関係における係数は一般に複素数になり，上の例では，

$$Z = R + j\omega L + \frac{1}{j\omega C}$$
$$= R + j\left(\omega L - \frac{1}{\omega C}\right)$$

と書け，インピーダンス（impedance）と呼ばれる．また，逆に

$$I = YV$$

と表現した場合の比例係数 $Y$ は

$$Y = \frac{1}{Z} \tag{8.4}$$

の関係があり，アドミタンス（admittance）と呼ばれる[†]．

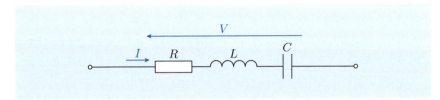

図 8.1　インピーダンス

---

[†] $Z$ や $Y$ は複素数ではあるが，フェーザではない．フェーザとは式 (8.1) によって時間波形と関係付けられる量である．

## ■ 例題 8.1（インダクタ負荷の回路）■

図 8.2 のようなインダクタを含む負荷の交流回路について，インダクタの電流を求めよ．

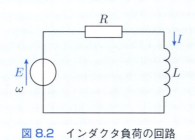

**図 8.2** インダクタ負荷の回路

【解答】 $R$ と $L$ が直列なのでインピーダンスは

$$R + j\omega L$$

となり，求める電流は

$$I = \frac{E}{R + j\omega L} \tag{8.5}$$

となる．

## 8.3 共振回路

図 8.3 のような**直列共振回路**を解析する．キルヒホッフの法則はフェーザを用いて

$$V_\mathrm{R} + V_\mathrm{L} + V_\mathrm{C} = E \tag{8.6}$$

と書ける．これに加えて次の $V$–$I$ 関係が成立する．

$$V_\mathrm{R} = RI$$

$$V_\mathrm{L} = j\omega L I$$

$$V_\mathrm{C} = \frac{1}{j\omega C} I$$

これらを式 (8.6) に代入すると

$$\left( R + j\omega L + \frac{1}{j\omega C} \right) I = E$$

が得られ，電流 $I$ は

$$I = \frac{E}{R + j\omega L + \frac{1}{j\omega C}} \tag{8.7}$$

と求められる．

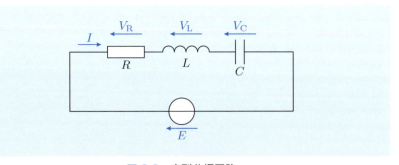

図 8.3　直列共振回路

複素数のフェーザの関係を図示したものを**フェーザ図**（phasor diagram）と呼び，図 8.4 のように描ける．電流 $I$ を基準にすると，$V_\mathrm{R}$ は同位相，$V_\mathrm{L}$ は $\frac{\pi}{2}$ 進み，$V_\mathrm{C}$ は $\frac{\pi}{2}$ 遅れる．この図の場合は $V_\mathrm{L}$ の大きさが $V_\mathrm{C}$ の大きさより大き

いため，$V_L - V_C$ は電流 $I$ よりも $\frac{\pi}{2}$ 進み，これと $V_R$ を加えたものが電源電圧 $E$ になっている．

回路において**共振**（resonance）と呼ばれる状態は，電圧と電流の位相がそろった状態をいう．この直列共振回路の場合，式 (8.7) より，電圧 $E$ と電流 $I$ の位相が同位相になるのは

$$\omega L = \frac{1}{\omega C}$$

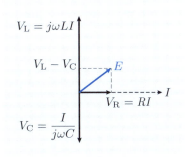

図 8.4　直列共振回路のフェーザ図

すなわち，

$$\omega = \frac{1}{\sqrt{LC}}$$

が成立するときになる．このときの周波数

$$f = \frac{1}{2\pi\sqrt{LC}}$$

を**共振周波数**と呼ぶ．また，このときのフェーザ図は，**図 8.5** のようになる．$V_L$ と $V_C$ が完全に打ち消し合い，

$$V_R = RI = E$$

が成立している．$V_L$ と $V_C$ は完全に打

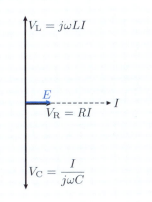

図 8.5　共振状態のフェーザ図

ち消されているが，この図を見ると，それぞれの値は電源電圧よりも大きい．このように共振状態では電源電圧よりも大きい電圧を発生させることができ，この現象はアンテナによる電波の受信やエネルギー伝送など，多くの回路で利用される[†]．

---

[†] 共振は力学的な振動や音など，多くの物理現象で見られる．

**90**                    第 8 章 　交 流 回 路

# 8.4  $Q$ 　　　値

　前節のように共振回路では，電圧源 $E$ の大きさよりも大きな電圧が $V_\mathrm{L} = V_\mathrm{C}$ に発生していることが特徴である．この大きさの指標として，**$Q$ 値**（quality factor）がよく用いられる．$Q$ 値は，共振角周波数

$$\omega_0 = \frac{1}{\sqrt{LC}}$$

において

$$Q = \left| \frac{V_\mathrm{L}}{E} \right| = \left| \frac{V_\mathrm{C}}{E} \right|$$
$$= \frac{1}{R}\sqrt{\frac{L}{C}}$$

で計算される．例えば，$Q = 10$ の場合は，電源電圧の 10 倍の電圧を発生させられることになる．

　次は電源の周波数を変化させたときの様子を考える．式 (8.7) は極座標表示では次のようになる．

$$I = \frac{E}{\sqrt{R^2 + (\omega L - \frac{1}{\omega C})^2}} e^{-j\theta}$$
$$\tan\theta = \frac{\omega L - \frac{1}{\omega C}}{R}$$

この式は，共振周波数 $\omega_0 = \frac{1}{\sqrt{LC}}$ における電流

$$I_0 = \frac{E}{R}$$

を用いて，

$$\left| \frac{I(\omega)}{I_0} \right| = \frac{1}{\sqrt{1 + Q^2(\frac{\omega}{\omega_0} - \frac{\omega_0}{\omega})^2}}$$

と書ける．$Q = 2, 8$ のときに $|I(\omega)|$ を図示すると，**図 8.6** のようになる．

$$|I(\omega)| = \frac{I_0}{\sqrt{2}}$$

となる 2 つの角周波数の幅 $\Delta\omega$ を求めると，

$$\Delta\omega = \frac{\omega_0}{Q}$$

となることがわかる．このように $Q$ 値が大きいと，周波数特性は急峻になり，アンテナによる受信や時計などにおいて特定の周波数を取り出す場合には，この周波数選択の意味でも $Q$ 値が大きい共振器が利用される[†]．

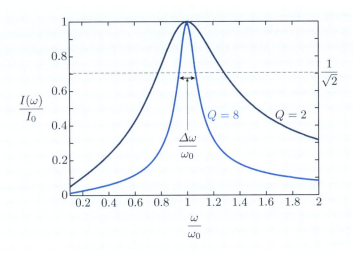

図 8.6　共振器の $Q$ 値と周波数特性

---

[†] 一般の時計でよく用いられるクォーツは水晶のメカニカルな共振を圧電振動により電気に変換して発振させて利用している．発振については第 14 章で学ぶ．

## 8.5 交流の電力

交流の電力はいくつかの表現をもつ．図 8.7 のようなインピーダンス $Z = R + jX$ の素子の電圧 $V$，電流 $I$ について考える．電圧源 $E$ の位相を基準にとり，インピーダンスを

$$Z = |Z|e^{j\theta}$$

とおき，電圧と電流の時間波形 $v(t), i(t)$ とフェーザ $V, I$ の関係を考慮すると，**瞬時電力** $p(t)$ は次のように表現できる．

$$\begin{aligned}p(t) &= v(t)i(t) \\ &= \mathrm{Re}[Ve^{j\omega t}]\mathrm{Re}[Ie^{j\omega t}] \\ &= |V|\cos\omega t\,|I|\cos(\omega t - \theta) \\ &= \frac{1}{2}|V||I|\cos\theta + \frac{1}{2}|V||I|\cos(2\omega t - \theta)\end{aligned}$$

第 1 項は時間変化しない成分，第 2 項は $2\omega$ で振動する成分である．どちらも係数 $\frac{1}{2}$ がついているが，このわずらわしさを無くすために，エネルギーを扱う回路では次のような実効値フェーザ

$$V_\mathrm{e} = \frac{V}{\sqrt{2}}, \quad I_\mathrm{e} = \frac{I}{\sqrt{2}}$$

を用いる場合が多い[†]．この場合は，

$$p(t) = |V_\mathrm{e}||I_\mathrm{e}|\cos\theta + |V_\mathrm{e}||I_\mathrm{e}|\cos(2\omega t - \theta)$$

となる．

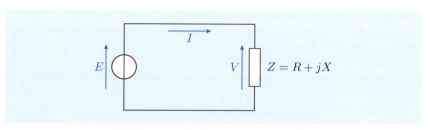

図 8.7 インピーダンス $R + jX$ の回路

---

[†]コンセントの交流 100 V は実効値で，最大値は 141 V である．

## 8.5 交流の電力

瞬時電力の積分で得られる**平均電力** $P$ の場合は第 2 項が消えて，

$$P = |V_\mathrm{e}||I_\mathrm{e}|\cos\theta$$

で与えられる．$\cos\theta$ は**力率**（power factor）と呼ばれる量で，力率を 1 にすることで，$|V_\mathrm{e}||I_\mathrm{e}|$ を小さくして多くの平均電力 $P$ を送ることができる[†]．

このような量を直接フェーザから議論する方法として，次のような**複素電力**（complex power）$S$ が定義される[‡]．

$$
\begin{aligned}
S &= V_\mathrm{e}^* I_\mathrm{e} \\
&= (R - jX)|I_\mathrm{e}|^2 \\
&= R|I_\mathrm{e}|^2 - jX|I_\mathrm{e}|^2
\end{aligned}
\tag{8.8}
$$

第 1 項は

$$
\begin{aligned}
P &= |V_\mathrm{e}||I_\mathrm{e}|\cos\theta \\
&= |I_\mathrm{e}||V_\mathrm{e}|\frac{R}{|Z|} \\
&= R|I_\mathrm{e}|^2
\end{aligned}
$$

より，平均電力に等しくなり，**有効電力**（effective power）と呼ばれる．また式 (8.8) の第 2 項 $\mathrm{Im}[S]$ は**無効電力**（reactive power）と呼ばれ，消費される電力ではないが，電圧と電流の位相差に伴い生じる量であり，交流によるエネルギー伝送では重要な量になる[§]．

---

[†] $|V_\mathrm{e}||I_\mathrm{e}|$ は**皮相電力**と呼ばれる．耐圧や流す電流で設備の大きさが決まるので，実際の設備を設計する上では皮相電力は小さくなる方が望ましい．

[‡] ここでは電圧のフェーザの複素共役 $V_\mathrm{e}^*$ を用いたが，$S = V_\mathrm{e} I_\mathrm{e}^*$ とする場合もある．また，$S$ も複素数であるが，フェーザではない．

[§] インダクタやキャパシタなどのリアクティブ素子を用いて電圧を制御する場合に用いられる．

## 8.6 交流のエネルギー伝送

直流の場合は電流の向きとエネルギーの流れの向きが対応するため，エネルギーの流れも考えやすい．例えば，図 8.8 (a) の場合は，$E_s > E_l$ の場合に図の $i$ の向きに電流が流れ，エネルギーも $E_s$ から $E_l$ に流れる．これは，消費電力の計算では電圧の向きと電流の向きを逆にとることに注意すると，送電側 $E_s$ の消費する電力は $-E_s i < 0$，$E_l$ の消費する電力は $E_l i > 0$ となることからも理解できる．

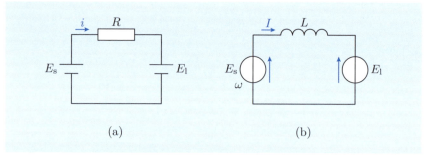

図 8.8　電力伝送の仕組みの違い．(a) 直流，(b) 交流

一方で，交流の場合は複素数値のフェーザになるので大きさに加えて位相にも注目する必要がある．つまり，電圧の大きさが等しいポート間でも，**位相差**があれば電力を送ることができる．図 8.8 (b) のようにインダクタでつながれた場合は位相が進んでいる方から位相が遅れている方にエネルギーが流れる[†]．これは図 8.9 (a) のようなフェーザ図のように，電流 $I$ の向きに注意すると $\theta_s > \frac{\pi}{2}$ となって送電側の有効電力が負になることからも確認できる．また，送電側，受電側，インダクタの複素電力をそれぞれ $S_s$, $S_l$, $S_L$ として複素平面上に描くと図 8.9 (b) のようになる．複素電力の場合も式 (3.5) と同様にすべて加えると 0 になり，有効電力，無効電力ともに全体でバランスがとれている．

この章では，交流理論として，フェーザやインピーダンスを用いた考え方を学んだ．さらに詳しく学ぶためには「電気回路」を学ぶと良い．また，このような交流理論の考え方を使って**エネルギーインフラ**が作られているが，それを

---

[†] キャパシタの場合は逆になるので注意．

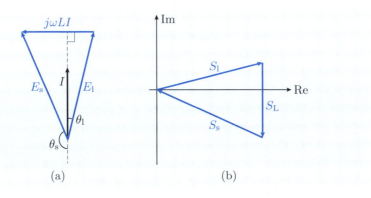

**図 8.9** フェーザ図と複素電力

詳しく学ぶためには「電気エネルギー工学」や「電力システム工学」を学ぶと良い．次の章に進むためには，簡単な回路について，フェーザを用いて電圧や電流が導出できること．下記演習問題によりこの章の理解度を確認してほしい．

## 8章の演習問題

**☐ 8.1** 図8.10のマクスウェルブリッジにおいて抵抗 $R_5$ に電流が流れない条件を求めよ．

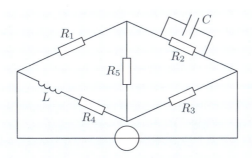

**図 8.10** マクスウェルブリッジ

**☐ 8.2** 図8.11のような等しい角周波数 $\omega$ の2個の電圧源を含む回路において，$V = Ee^{-j\delta}$ とする．$E$ から送られる有効電力を求め，$\delta$ の関数として描け．最大電力を与える $\delta$ を求めよ．

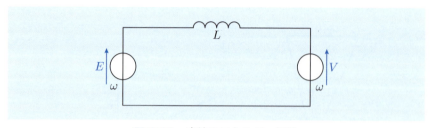

図 8.11　交流のエネルギー伝送

□ **8.3**　図 8.12 の回路において，$V = E - j\omega LI$ が成立する．インダクタ負荷の場合に $|V|$ と $|I|$ の関係を求め，図示せよ．キャパシタ負荷の場合に $|V|$ と $|I|$ の関係を求め，図示せよ（**フェランチ効果**）．

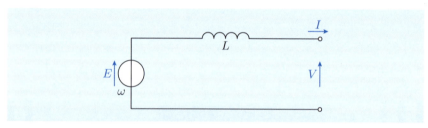

図 8.12　内部インダクタンスを含む交流電圧源

□ **8.4**　図 8.13 の回路において $E_a = E, E_b = Ee^{-j\frac{2}{3}\pi}, E_c = Ee^{j\frac{2}{3}\pi}$ のように，位相が $\frac{2}{3}\pi$ ずれた電源をもつものとする．図中の電流 $I = 0$ となることを示せ[†]．

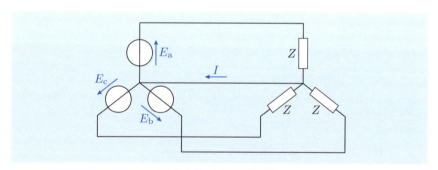

図 8.13　対称三相回路

□ **8.5**　身のまわりにある共振の例を考えてみよ．

---

[†]このような回路は**三相回路**と呼ばれ，帰路線を必要としないため多くの**電力系統**で用いられている．

# 第9章

# 周波数特性

　交流理論において，角周波数 $\omega$ を変化させたときの特性を周波数特性と呼ぶ．この章では，入力と出力をもつ2ポート回路を考えることにより，両ポート間の伝達関数の概念を学ぶ．また，その応用として，信号処理を行うフィルタの考え方や，結合係数が小さくてもエネルギーを伝送可能なワイヤレスエネルギー伝送について学習する．

## 9.1　伝達関数

　角周波数 $\omega$ を変化させると，同じ回路でも大きく振舞が変わる．このような周波数を変化させたときの変化を**周波数特性**と呼ぶ．この現象を図 9.1 のような 2 つのポート 1–1′ と 2–2′ のある回路の両ポート間の特性として考える[†]．左のポート 1–1′ を入力，右のポート 2–2′ を出力と考えると，入力電圧 $V_1 = E$ に対して，出力電圧 $V_2$ は

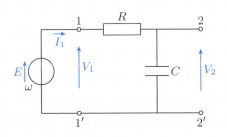

図 9.1　入出力ポートをもつ回路

---

[†]このような 2 つのポートをもつ回路を **2 ポート回路**と呼ぶ．

**98**　　　　　　第 9 章　周波数特性

$$V_2(\omega) = \frac{1}{1 + j\omega CR} V_1(\omega) = G(\omega)V_1(\omega)$$

$$G(\omega) = \frac{V_2(\omega)}{V_1(\omega)} = \frac{1}{1 + j\omega CR} \tag{9.1}$$

のように，入力電圧 $V_1$ に対して複素数の係数 $G(\omega)$ を乗じた形で書ける．この係数 $G(\omega)$ は**伝達関数**（transfer function）と呼ばれ，角周波数 $\omega$ の入力があったときに，出力が伝達関数倍されて同じ角周波数のものが出力されることを示している．このように，単一角周波数 $\omega$ の入力に対しては，出力も単一周波数であり，その比として，複素数の伝達関数 $G(\omega)$ が定義できる．この伝達関数は一般に角周波数 $\omega$ の関数になり，入力された信号に対して周波数に応じて出力を変化させることができる[†]．

このような周波数に依存する伝達関数 $G(\omega)$ により，入力に対して処理された出力を得る機能を**フィルタ**（filter）と呼び，様々な**信号処理**に用いられる[‡]．**図 9.1** の回路の場合，伝達関数は式 (9.1) で書けるが，$\omega = 0$ の場合 $G(0) = 1$，$\omega = \infty$ の場合 $G(\infty) = 0$ となる．つまり，周波数が低い信号はほぼ通過させ，十分周波数が高い信号は大部分が遮断される．このような性質のフィルタを**ローパスフィルタ**（low pass filter）と呼ぶ．

フィルタの性質は**両対数**のグラフを用いて表現すると，**図 9.2** のようになる．遮断の目安となる角周波数が

$$\omega_0 = \frac{1}{CR}$$

で与えられるため，横軸はこの角周波数によって規格化して描かれている．$\omega_0$ は**カットオフ角周波数**と呼ばれる．十分周波数が高い領域では，$\omega^{-1}$ の形で出力が小さくなる[§]．位相 $\angle G(\omega)$ については，低周波では

$$\angle G(0) = 0, \quad \angle G(\omega_0) = -\frac{\pi}{4}$$

となり，周波数が十分高いところでは，

$$\angle G(\infty) = -\frac{\pi}{2}$$

---

[†]伝達関数の実数部と虚数部は因果性によりヒルベルト変換で結び付けられている．

[‡]ニューラルネットワークも非線形の**フィルタ**を多段につなげたものと考えられる．

[§]$y = ax^{\alpha}$ の関係は両辺の**対数**をとると，$\log y = \log a + \alpha \log x$ となるので，その傾きを見れば指数 $\alpha$ がわかる．

に近づく[†].

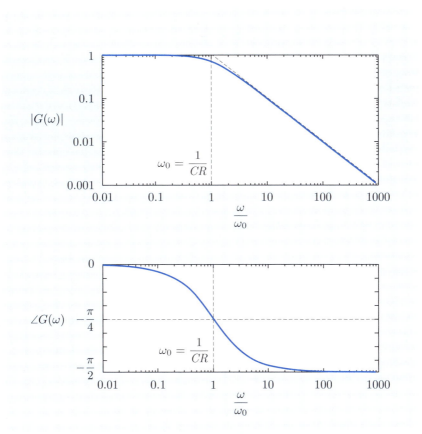

**図 9.2** 伝達関数の大きさ $|G(\omega)|$ の両対数表示と偏角 $\angle G(\omega)$

---

[†]この回路は第 6 章で扱ったキャパシタの充電回路と同じであり、過渡現象の時定数 $CR$ がカットオフ角周波数 $\frac{1}{CR}$ と対応している。つまり、同じ現象を第 6 章では過渡現象として、この章では周波数特性として見ている。両者は**フーリエ変換**（Fourier transform）と呼ばれる変換で結ばれている。フーリエ変換は信号処理だけでなく、**量子力学**における粒子性と波動性の関係など、様々な場面で重要な見方を提供している。

## 9.2 フィルタの接続

単純な特性のフィルタを多段接続することにより，複雑な周波数特性の設計が可能になる[†]．例えば，図 9.1 のローパスフィルタに別のフィルタを接続した図 9.3 の回路を考える．フィルタを多段につなげると，出力の大きさが小さくなるため，図中の青色で示されたバッファ（buffer）を通すことにより，信号の減衰を抑えている．

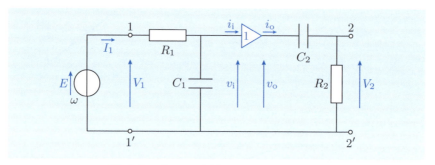

図 9.3　バッファを用いたフィルタの接続

バッファとは，その入力電圧 $v_i$，入力電流 $i_i$，出力電圧を $v_o$ としたとき，

$$v_o = v_i, \quad i_i = 0$$

を満たす 1 方向性の素子である．その出力電流 $i_o$ は，負荷によって決まる．つまり，図 9.3 での 1 段目の出力は開放のように見え（$i_i = 0$），その電圧 $v_i$ と等しい電圧 $v_o$ を出力する電圧源となっている[‡]．

バッファの挿入は，前段と後段を分離するため，フィルタの特性を容易に設計することが可能になる．1 段目の $R_1, C_1$ から構成されるフィルタの伝達関数 $G_1(\omega)$ は，

$$G_1(\omega) = \frac{v_i}{V_1} = \frac{1}{1 + j\omega C_1 R_1}$$

---

[†] 人工知能で用いられる深層ニューラルネットワークも多段接続による信号処理の例である．
[‡] この素子は逆向きには信号を伝えないが，信号処理の機能が 1 方向性をもつことを利用しているともいえる．また，バッファに入力される電流は $i_i = 0$ なので入力電力は無いが，電力を出力するので，エネルギーを供給する素子である．このようなエネルギーを供給する素子を**能動素子**（active element）という．詳細は第 13 章のフォロワを参照．

であり，カットオフ角周波数 $\omega_1 = \frac{1}{C_1 R_1}$ のローパスフィルタである．2段目の $R_2, C_2$ から構成されるフィルタの伝達関数 $G_2(\omega)$ は

$$G_2(\omega) = \frac{V_2}{v_o} = \frac{j\omega C_2 R_2}{1 + j\omega C_2 R_2}$$

で表される．この伝達関数は $G_2(0) = 0, G_2(\infty) = 1$ を満たし，カットオフ角周波数 $\omega_2 = \frac{1}{C_2 R_2}$ より低い周波数を遮断し，高い周波数を通す．このような特性は**ハイパスフィルタ**（high pass filter）と呼ばれる．

全体の周波数特性 $G(\omega)$ は，バッファがあることにより単純に $G_1$ と $G_2$ の積で書くことができ，次式で与えられる[†]．

$$G(\omega) = \frac{V_2}{V_1} = G_1(\omega) G_2(\omega) = \frac{j\omega C_2 R_2}{(1 + j\omega C_1 R_1)(1 + j\omega C_2 R_2)} \quad (9.2)$$

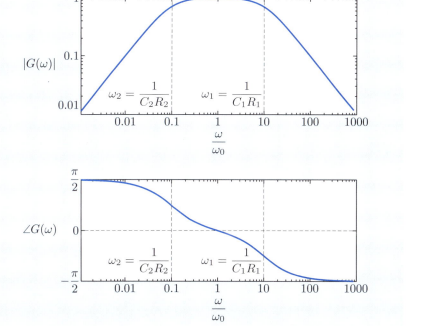

図 9.4　伝達関数の大きさ $|G(\omega)|$ の両対数表示と偏角 $\angle G(\omega)$

---

[†] バッファが無い場合を計算してみると，便利さがわかる．

この式は一見複雑そうに見えるが，$G_1$ と $G_2$ に分けて考えれば良い．つまり，$\omega_2 < \omega_1$ と設定すれば，$\omega_2 < \omega < \omega_1$ の間の角周波数を透過させる**バンドパスフィルタ**（band pass filter）が実現できている．例えば，$\omega_1 = 100\omega_2$ の場合の特性を図 9.4 に示す．ただし横軸は $\omega_0 = \sqrt{\omega_1 \omega_2}$ によって規格化してある．$\omega < \omega_2$ および $\omega_1 < \omega$ において信号が遮断されていることがわかる[†]．このように，フィルタを多段化することで，目的の周波数特性を実現する方法がフィルタの設計法として研究されている．

---

### ● スイッチのチャタリング ●

下図 (a) のように，機械的スイッチを用いてディジタル回路に信号入力を行う場合，スイッチの接触する瞬間に高速に何度もオンオフを繰り返す**チャタリング**という現象が発生し，ディジタル回路が誤動作する場合がある．

このような現象の影響を無くすためには，下図 (b) のようにスイッチとディジタル回路の間にローパスフィルタを挿入し，高い周波数を遮断すれば良い．このように，フィルタはノイズ成分の除去など不必要な成分を遮断するために多くの回路の入力部や出力部において用いられる[‡]．

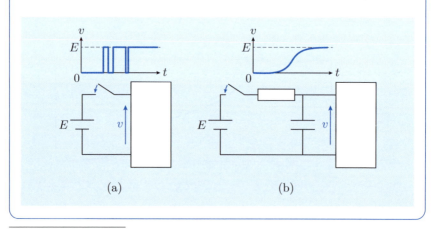

---

[†] 対数で考えると，$\log|G(\omega)| = \log\{|G_1(\omega)||G_2(\omega)|\} = \log|G_1(\omega)| + \log|G_2(\omega)|$ となるため，**両対数**グラフでは，フィルタの特性の重ね合わせのように見ることができ，設計の見通しがよい．
[‡] 周波数特性は過渡現象の制御にも利用できる．

## 9.3 変圧器と結合係数

エネルギーを 2 つのポート間でやりとりする回路として，コイルの磁束による結合を利用して交流の電圧を上げたり下げたりする**変圧器**があり，図 9.5 のような 2 ポート回路として表される．ポート 1, 2 ともにインダクタであるが，その間の**電磁結合**が**相互インダクタンス**（mutual inductance）$M$ により表現されている．図中のドットは巻線の向きを表現しており，その方向から電流が流れ込むとした場合の相互インダクタンスが $M$ であることを示している．

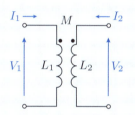

図 9.5 変圧器

両ポートの電圧と電流の関係は次のように表される[†]．

$$V_1 = j\omega L_1 I_1 + j\omega M I_2 \tag{9.3}$$

$$V_2 = j\omega M I_1 + j\omega L_2 I_2 \tag{9.4}$$

$M = 0$ の場合は独立な 2 つのインダクタである．ポート間の相互作用の係数が $\omega M$ なので直流 $\omega = 0$ はポート間を伝達することができない．この特性は交流だけを通し，直流を遮断（絶縁）するためにも用いられる[‡]．

変圧器の結合の度合は**結合係数**（coupling factor）$k$ を用いて

$$k = \frac{M}{\sqrt{L_1 L_2}}$$

---

[†] 式 (9.3) の $I_2$ の係数と式 (9.4) の $I_1$ の係数は常に等しく，**相反性**と呼ばれる．相反性のある回路では，前節のような 1 方向性はもたない．
[‡] 測定対象の回路と絶縁して電流を計測するセンサや，2 つの機器間を結ぶ通信ケーブルのコネクタ部など，利用範囲は広い．

でも表現され，$0 \leq k \leq 1$ を満たす[†]．$k = 1$ のときは**密結合**（close coupling）と呼ばれ，

$$M^2 = L_1 L_2$$

が成立する．このとき，式 (9.3), (9.4) よりポート 1 とポート 2 の電圧比は

$$\frac{V_2(\omega)}{V_1(\omega)} = \frac{j\omega M I_1 + j\omega L_2 I_2}{j\omega L_1 I_1 + j\omega M I_2}$$
$$= \sqrt{\frac{L_2}{L_1}} = n \tag{9.5}$$

となり，周波数に依存しない[‡]．ただし，$n$ はインダクタ $L_2$ と $L_1$ の巻き数の比である．つまり，巻き数を設計することによって電圧を上げたり下げたりすることができる[§]．

■ **例題 9.1（変圧器の回路）** ■

図 9.6 の電圧 $V_2$ を求めよ．

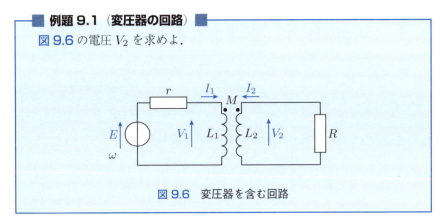

図 9.6　変圧器を含む回路

【解答】　式 (9.3), (9.4) と電源側，負荷側のキルヒホッフの法則により，

$$V_1 = E - rI_1 = j\omega L_1 I_1 + j\omega M I_2 \tag{9.6}$$

$$V_2 = -RI_2 = j\omega M I_1 + j\omega L_2 I_2 \tag{9.7}$$

が成立する．これらより

---

[†] 結合係数は $L_1, L_2$ の作る磁束が互いに鎖交している割合を表す．すなわち，$k = 1$ の場合は，それぞれが作る磁束が漏れることなく互いに鎖交していることを示す．
[‡] パルス波形など様々な周波数を含む信号を絶縁しながら伝えるために用いられるパルストランスでは，この特性が重要になる．
[§] この性質から交流の電圧を上げたり下げたりするために変圧器は用いられる．19 世紀後半においてもこれが容易にできたために，電力伝送に交流が採用された．

## 9.3 変圧器と結合係数

$$I_1 = -\frac{R + j\omega L_2}{j\omega M} I_2$$

の関係が得られる．これを式 (9.6) に代入すれば $I_2$ は

$$I_2 = \frac{-j\omega M}{\omega^2(M^2 - L_1 L_2) + j\omega(L_1 R + L_2 r) + rR} E \qquad (9.8)$$

と求まり，式 (9.7) より，

$$V_2 = -R I_2$$
$$= \frac{j\omega M R}{\omega^2(M^2 - L_1 L_2) + j\omega(L_1 R + L_2 r) + rR} E \qquad (9.9)$$

となる[†]．

密結合 $M^2 = L_1 L_2$ をさらに理想化し，$\frac{L_2}{L_1} = n^2$ を保ったまま $L_1, L_2 \to \infty$ にした極限は**理想変圧器**（ideal transformer）と呼ばれる．式 (9.5), (9.8) より，理想変圧器では周波数によらず

$$\frac{V_2}{V_1} = n, \quad \frac{I_2}{I_1} = \frac{1}{n}$$

が成立する．また，式 (9.9) も理想変圧器では $\omega$ に依存しない簡単な形

$$V_2 = \frac{R}{R + n^2 r} n E$$

になる．これは，理想変圧器のポート 2 からはポート 1 側の抵抗 $r$ は $n^2 r$ に，電圧源は $nE$ に見えることを示している[‡]．

---

[†] 式 (9.9) から，$V_2$ を $\omega$ の関数と見た場合，$\omega$ が小さい場合や $\omega$ が十分大きいときには $V_2$ が小さくなることがわかる．変圧器においても周波数特性は重要である．

[‡] このような抵抗 $r$ を $n^2 r$ に見せる機能は**インピーダンス変換**と呼ばれ，$R = n^2 r$ と設定することで，最大エネルギー伝送が可能になる．エネルギーを伝送するためには，電圧と電流の比をうまく制御していくことが重要になる．オペアンプを用いたインピーダンス変換は第 13 章で扱う．

## 9.4 ワイヤレスエネルギー伝送

ワイヤレスエネルギー伝送とは，導体で接続されることなしに，エネルギーを伝送する技術である．変圧器も磁束を介して互いに絶縁された回路間のエネルギー伝送を実現できるものの，前節のアプローチでは相互インダクタンス $M$ を大きくして密結合に近い状態を利用していた．ただ，このような場合はコイル間の距離を接近させる必要がある．実際，式 (9.8)，式 (9.9) においても，$I_2, V_2$ はともに分子に $M$ を含むため，$M$ が小さいときには電力 $V_2^* I_2$ も小さくなり，効率的なエネルギー伝送は難しい．

ある程度離れた回路間でエネルギー伝送を行うためには，結合係数 $k$ が小さくても伝送できる方法を考える必要がある．そこで考えられたのが共振の利用である．**共振**を利用することで，小さな電流でも大きな電圧を発生することができ，効率のよいエネルギー伝送が可能になる．図 9.7 の回路のように，変圧器の電源側と負荷側をともに共振回路にし，$\omega = \frac{1}{\sqrt{LC}}$ の場合を考える．両側の共振器の $Q$ 値は，ともに

$$Q = \frac{1}{r}\sqrt{\frac{L}{C}}$$

である．

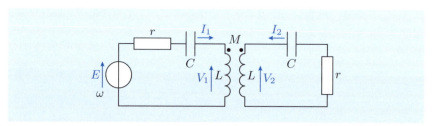

図 9.7 共振を用いたワイヤレスエネルギー伝送

この場合も式 (9.6), (9.7) と同様に下記が成立する．

$$V_1 = E - \left(r + \frac{1}{j\omega C}\right)I_1 = j\omega L I_1 + j\omega M I_2 \qquad (9.10)$$

$$V_2 = -\left(r + \frac{1}{j\omega C}\right)I_2 = j\omega M I_1 + j\omega L I_2 \qquad (9.11)$$

## 9.4 ワイヤレスエネルギー伝送

式 (9.11) より，

$$I_1 = -\frac{1}{j\omega M}\left\{r + j\left(\omega L - \frac{1}{\omega C}\right)\right\}I_2$$

ここで，$\omega L = \frac{1}{\omega C}$ と

$$\frac{r}{\omega M} = \frac{r\sqrt{LC}}{M} = \frac{rL}{M}\sqrt{\frac{C}{L}} = \frac{1}{kQ}$$

に注意すると，

$$I_1 = \frac{j}{kQ}I_2$$

が得られる．これを式 (9.10) に代入して，整理すると

$$I_2 = -\frac{jkQ}{1 + (kQ)^2}\frac{E}{r}$$

を得る．このように，結合係数 $k$ と $Q$ 値の積 **$kQ$** が重要な役割を果たすことがわかる．

ここで，負荷側の $r$ において，消費電力を最大にする $kQ$ を求めてみよう．消費電力 $P$ は

$$P(kQ) = |I_2|^2 r = \frac{(kQ)^2}{\{1 + (kQ)^2\}^2}\frac{|E|^2}{r} \tag{9.12}$$

なので，$kQ$ で微分して

$$\frac{dP}{d(kQ)} = \frac{2kQ\left\{1 - (kQ)^2\right\}}{\{1 + (kQ)^2\}^3}\frac{|E|^2}{r}$$

となる．したがって，$kQ = 1$ のとき最も多くのエネルギーを送ることができ，そのとき $P = \frac{|E|^2}{4r}$ である．これは内部抵抗 $r$ の電源から取り出せる最大電力に一致する[†]．

このことは，$kQ$ を適切に設定できれば，結合係数 $k$ が小さくても大きい $Q$ を実現することにより共振を利用したエネルギー伝送が可能なことを示しており，ある程度の距離がある間でのワイヤレスエネルギー伝送に利用されている[‡]．

---

[†] 今回の条件では $kQ = 1$ で最大となったが，最適な $kQ$ 値は回路の条件に依存する．

[‡] この方法は共振を利用するため，周波数特性を考慮して設計することが重要になり，回路シミュレータの利用が有効である．

# 第 9 章 周波数特性

この章では，交流理論に基づいてフィルタや結合回路について学んだ．どちらもインピーダンスが周波数の関数になっていることを利用して機能を実現している．このような実用的な回路の解析や設計には回路シミュレータが有効であり，第 12 章に進んでも良い．一方，より高い周波数の現象として伝送線路や電磁界について学ぶ場合は第 10 章に進めば良い．また，周波数領域の扱いについては「通信工学のための信号処理」，変圧器やモータ，発電機については「電気機器学」などを学ぶと良い．

## 9 章の演習問題

☐ **9.1** 図 9.8 の $V_2$ を求め，どのようなフィルタか答えよ．

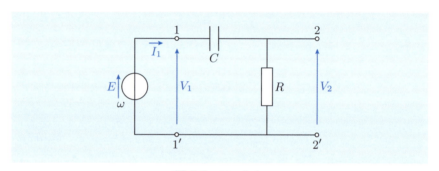

図 9.8 フィルタ

☐ **9.2** 図 9.9 の $V_1, V_2$ の関係を求め，どのようなフィルタか答えよ．

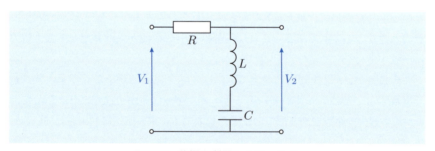

図 9.9 共振を利用したフィルタ

□ **9.3** 図9.10の回路において変数の関係を行列を用いて表すと，次のようになる．$A, B, C, D$ を求めよ（縦続行列）．

$$\begin{pmatrix} V_1 \\ I_1 \end{pmatrix} = \begin{pmatrix} A & B \\ C & D \end{pmatrix} \begin{pmatrix} V_2 \\ I_2 \end{pmatrix}$$

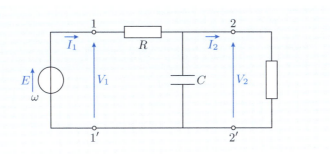

図9.10 フィルタの2ポート特性

□ **9.4** 図9.11の変圧器において，$\frac{V_2}{E}, \frac{I_2}{I_1}$ を求めよ．また，これらの値は密結合，理想変成器のときはそれぞれどのようになるか．

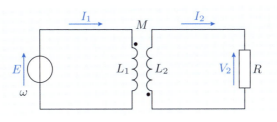

図9.11 変圧器

□ **9.5** フィルタや変圧器を実際に作成して動作させてみよ．

# 第10章

# 電気の波

　本章では，前章で変化させた周波数がさらに高くなった場合に，電気の波としての性質が表面化することを紹介し，その扱い方を学ぶ．回路において電圧や電流の満たす波動方程式を導出した後，その解としての波の伝搬や反射などの現象，反射を観察するレーダの考え方を学ぶ．さらに交流の場合には，回路上に定在波が発生し，長さによる共振が観察され，回路においても音波の気柱共鳴や弦の振動と同様の現象が発生することを学ぶ．

## 10.1　寄生素子

　回路の周波数が高くなると，実際の素子は理想的な振舞から外れ，予想外の特性を示すようになる．例えば，理想的な抵抗は周波数に依存せず，電圧 $V$，電流 $I$ の間に $V = RI$ の関係が成り立つが，実際には周波数が高くなると，インダクタンスやキャパシタンスの特性が入ってくる．これは抵抗素子であっても，電流が流れると周辺に磁束が存在するためインダクタンスが含まれると同時に，電位差ができると電界や電荷の蓄積が発生するためキャパシタンスが含まれるためである．それらも考慮して回路として記述すると図 10.1 のように

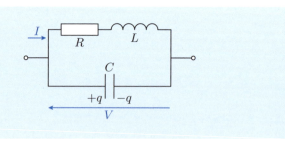

図 10.1　寄生素子を含む抵抗

なる．この図の $L$ や $C$ のことを**寄生素子**（parasitic element）と呼ぶ．周波数が低い場合は $j\omega L$ は小さく，$\frac{1}{j\omega C}$ は大きいので，抵抗としての性質には影響しないが，周波数とともに $j\omega L$ は大きく，$\frac{1}{j\omega C}$ は小さくなり，抵抗素子として動作しなくなる[†]．

　寄生素子の存在は，電流のまわりには磁界，電位差のあるところには電界が存在することを示しており，回路の動作が高周波になるにつれて電磁気学を意識した回路の見方が本質的になる[‡]．

---

### ● 回路で扱う周波数の範囲 ●

　電気回路は電磁気現象により実現される機能に応じて様々な周波数を扱う．例えば，生体信号の場合は周波数が低く，1〜10 Hz 程度である．このような信号を扱う場合は，目的のアドミタンス値 $j\omega C$ を得るには，$\omega$ が小さいため大きな容量 $C$ が必要になる．また，第 8 章で扱った交流送電線の周波数は 50/60 Hz，音は 20 Hz〜20 kHz 程度，第 6 章で扱った DC–DC コンバータのスイッチ切替周期に対応する周波数は 10 k〜1 MHz 程度，テレビやラジオの電波は 1 M〜1 GHz 程度，集積回路のクロックは 10 M〜5 GHz 程度，電子レンジは 2.4 GHz，携帯電話の電波は 1 G〜10 GHz 程度である．現在ではさらに高い周波数も身近になりつつあり，例えばレーダでは 10 G〜100 GHz 程度のものが使われている．1 Hz から 100 GHz までは $10^{11}$（1000 億）倍違うので，現象を扱う周波数において寄生成分も含めて適切に動作する素子や配線を選ぶ必要がある．今後は THz（$10^{12}$ Hz）領域の利用も広まってくるので，400 T〜800 THz の可視光に至るまで隙間なく物理現象が機能として利用されることになる．

---

[†] 同様に，インダクタやキャパシタも使える周波数は限られている．

[‡] 外部との電磁結合の影響も考慮に入れた，耐性のある回路設計の考え方を **EMC**（ElectroMagnetic Compatibility）という．

## 10.2 電気の速度

電流のまわりには磁界が存在するので、素子をつなぐ導線の部分にも実際はインダクタンスが存在すると同時に、導線上に電荷の蓄積もあるのでキャパシタンスが存在する。そこで、それらの影響を見るために図 10.2 (a) のような抵抗 A, B の並列回路においてスイッチを閉じた直後の現象を考える。ただし、実際には抵抗 A と B は図 10.2 (b) のような電球とし、その間は長さ 1 m の 2 本の導線で結ばれているものとする。

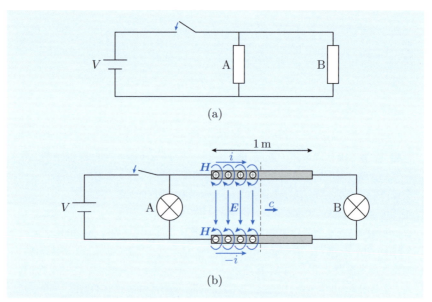

図 10.2  (a) 並列回路と (b) 大きさも考慮に入れた回路

図 10.2 (a) の理想的な回路では、スイッチを閉じると同時に抵抗 A, B に電流が流れる。一方、実際の図 10.2 (b) では、まず電球 A が点灯する。その後、上側の導線に正の電荷、下側の導線に負の電荷が蓄積されながら、先頭は光速 $c = 299792458$ m/s で右側に伝搬し、約 3.3 ns 後に電球 B が点灯する[†]。光の速度で伝搬する理由は、導体のまわりにある磁界 $H$ と電界 $E$ が電磁波として

---

[†]3.3 ns を観測するためには高性能なオシロスコープが必要であるが、例えば 30 m のケーブルを使えば、約 100 ns の遅延が発生するので、安価なオシロスコープでも十分観測できる。

## 10.2 電気の速度

光速で伝搬しているためである．通常は導線で回路を作ることで電流を流していると考えるが，実際は電磁波が主役であり，2本の導線は多数の電荷が電磁界に応じて分布することにより，電磁波のガイド役を担っている．

このような伝搬現象は，長さをもつ2本の導体の間に寄生インダクタンスと寄生キャパシタンスが同時に分布していると考えることでモデル化することができる（次節）．そこで，このような回路のことを**分布定数線路**（distributed parameter line）と呼ぶ[†]．それに対し，これまでの章で考えていた抵抗，キャパシタ，インダクタは，その大きさを無視しているため，**集中定数素子**（lumped element）と呼ばれる．

---

● **光は遅い？** ●

光速 $c = 299792458\,\mathrm{m/s}$ は1秒間に地球を7周半回るという意味では非常に速いと感じるが，現在の回路設計においては異なる見方になっている．第2章で扱ったように，論理演算は多数のスイッチにより構成されている．多数のスイッチがクロックと呼ばれる信号に合わせて同時性を保って動作することで，演算が正しく実行される．ところが光速がボトルネックになり，その同時性を保つことが困難になってきている．

集積回路の出現以来，**クロック**の動作周波数は指数関数的に増加していたが，10 GHz の手前で頭打ちになっている．10 GHz で動作した場合，クロックの周期は0.1 ns となる．この0.1 ns の間に光が進む距離は真空中では約3 cm であるが，半導体を構成するシリコンは誘電体なので，その約半分1.5 cm 程度になる．すると，集積回路の中で1.5 cm 離れた場所では，信号が伝搬するために0.1 ns の**遅延**が発生し，同時性が保てない．このように，現在の回路設計では光の速度が遅く感じる世界になっている．

同様のことはインターネットにおける通信においてもいえる．世界中の様々なオンライン取引など1 ms が重要となる世界では，真空中の光速でも約300 km しか進めないので，取引のアルゴリズムが実行される計算機サーバからの距離も重要な要素になる．

---

[†] 寄生インダクタンスと寄生キャパシタンスが互いに結合して波という現象が現れる．分布定数線路は**伝送線路**（transmission line）とも呼ばれる．

## 10.3 電気の波の方程式

分布定数線路の上では，電圧 $v$ や電流 $i$ は時間 $t$ と同時に空間 $x$ の関数として表現され，$v(x,t)$, $i(x,t)$ のように書く．つまり，導体であっても位置によって電圧や電流が異なることを示している．図 10.3 (a) のような分布定数線路の微小区間 $[x, x+\Delta x]$ の等価回路は図 10.3 (b) のように書ける．ここで，$L$ は単位長さ当たりのインダクタンスであり，2本の導線の間の磁束を表現している．また，$C$ は単位長さ当たりのキャパシタンスであり，2本の導体間の電界を表現している．

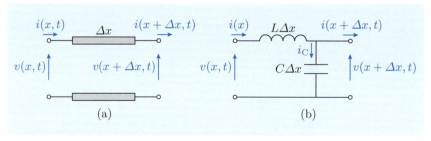

図 10.3　分布定数線路の微小区間の等価回路

この回路方程式は，図 10.3 (b) におけるキルヒホッフの電圧則と電流則により，それぞれ

$$v(x,t) - v(x+\Delta x, t) = L\Delta x \frac{\partial i(x,t)}{\partial t} \tag{10.1}$$

$$i(x,t) - i(x+\Delta x, t) = C\Delta x \frac{\partial v(x+\Delta x, t)}{\partial t} \tag{10.2}$$

と書ける．独立変数が $x, t$ の2変数になっているため，時間微分が偏微分で書かれている．式 (10.2) の右辺の $v(x+\Delta x, t)$ は $\Delta x$ の2次以上の微小量を無視して $v(x,t)$ とし，式 (10.1), (10.2) の両辺を $\Delta x$ で割ると

$$-\frac{v(x+\Delta x, t) - v(x,t)}{\Delta x} = L\frac{\partial i(x,t)}{\partial t}$$

$$-\frac{i(x+\Delta x, t) - i(x,t)}{\Delta x} = C\frac{\partial v(x,t)}{\partial t}$$

となる．$\Delta x \to 0$ の極限を考えると，

## 10.3　電気の波の方程式　　**115**

$$-\frac{\partial v}{\partial x} = L\frac{\partial i}{\partial t}$$
$$-\frac{\partial i}{\partial x} = C\frac{\partial v}{\partial t} \tag{10.3}$$

が得られる[†]．この式は，電流の時間変化が電圧の空間変化，電圧の時間変化が電流の空間変化とバランスし，電圧と電流という 2 つの物理量により，波が生まれていることを示している[‡]．

さらに $v$ または $i$ のみの式にすると，

$$\frac{\partial^2 v}{\partial x^2} = -L\frac{\partial^2 i}{\partial x \partial t}$$
$$= LC\frac{\partial^2 v}{\partial t^2}$$
$$\frac{\partial^2 i}{\partial x^2} = -C\frac{\partial^2 v}{\partial x \partial t}$$
$$= LC\frac{\partial^2 i}{\partial t^2}$$

が得られる．整理すると，下記のような**波動方程式**（wave equation）が得られる[§]．

$$\frac{\partial^2 v}{\partial x^2} - LC\frac{\partial^2 v}{\partial t^2} = 0$$
$$\frac{\partial^2 i}{\partial x^2} - LC\frac{\partial^2 i}{\partial t^2} = 0 \tag{10.4}$$

---

[†] $\frac{\partial}{\partial t}$ は偏微分を表す記号である．$v(x,t), i(x,t)$ などの 2 変数関数について，各変数の方向の傾きと考えれば良い．

[‡] 電圧を電界，電流を磁界に置き換えれば，電磁波と見ることもできる．

[§] 回路では**電信方程式**（telegraphic equation）とも呼ばれる．同様に，音や光なども波動方程式で記述される波であり，伝搬や反射など波としての共通の性質をもつ．

**116**　　　　　　　第 10 章　電 気 の 波

## 10.4　波動方程式の解

波動方程式は次のように因数分解できる.

$$\frac{\partial^2 v}{\partial x^2} - LC\frac{\partial^2 v}{\partial t^2} = \left(\frac{\partial}{\partial x} - \sqrt{LC}\,\frac{\partial}{\partial t}\right)\left(\frac{\partial}{\partial x} + \sqrt{LC}\,\frac{\partial}{\partial t}\right) v(x,t) = 0$$

(10.5)

そこで，まず

$$\left(\frac{\partial}{\partial x} + \sqrt{LC}\,\frac{\partial}{\partial t}\right) v(x,t) = 0$$

(10.6)

を満たす関数を考える．そのような関数として，

$$v(x,t) = f_1\left(x - \frac{t}{\sqrt{LC}}\right)$$

(10.7)

がある．実際，式 (10.6) に代入すると，関数 $f_1(\cdot)$ によらず満たされることが容易にわかる.

式 (10.7) は，$x$–$t$ 空間の直線 $x - \frac{t}{\sqrt{LC}} = \xi$ 上では $v(x,t) = f_1(\xi)$ という値をとることを示している．これは図 **10.4 (a)** のように，$x$–$t$ 空間上で $x$ の正の方向に速度 $g = \frac{1}{\sqrt{LC}}$ で伝搬する波であると解釈できる[†].

同様に，因数分解されたもう一方

$$\left(\frac{\partial}{\partial x} - \sqrt{LC}\,\frac{\partial}{\partial t}\right) v(x,t) = 0$$

を満たす解は $v(x,t) = f_2(x + gt)$ のように書ける．これは，先ほどの $x$ の正の方向の進行波に対して，図 **10.4 (b)** のような，$x$ の負の方向に速度 $-g$ で伝搬する波であると解釈できる.

結局，式 (10.5) の解はこれら 2 つの波の重ね合わせとして

$$v(x,t) = f_1(x - gt) + f_2(x + gt)$$

(10.8)

のように 2 個の任意関数 $f_1, f_2$ の和を用いて書ける[‡].

さらに $v(x,t)$ と $i(x,t)$ は式 (10.3) で結ばれることから，

---

[†]真空中では $c = \frac{1}{\sqrt{LC}}$ が成立する.

[‡]これを**ダランベールの解**と呼ぶ．2 階の常微分方程式は 2 個の任意定数を含んだが，2 階の偏微分方程式の場合はそれが 2 個の任意関数となっている.

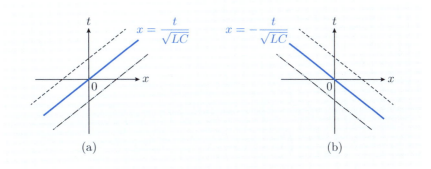

**図 10.4** (a) 右向きと (b) 左向きの進行波

$$i(x,t) = \frac{1}{Z_0}f_1(x-gt) - \frac{1}{Z_0}f_2(x+gt) \tag{10.9}$$

のように書ける．ここで，$Z_0 = \sqrt{\frac{L}{C}}$ であり，インピーダンスの単位 $\Omega$ をもつことから，**特性インピーダンス**（characteristic impedance）と呼ばれる[†]．

結局，分布定数線路は特性インピーダンス $Z_0$，伝搬速度 $g$，長さ $l$ の 3 個のパラメータを用いて表される．$x$ の正方向に伝搬する波は**前進波**（forward wave）と呼ばれ，前進波の電圧と電流はそれぞれ次のように書ける[‡]．

$$v(x,t) = f_1(x-gt), \quad i(x,t) = \frac{f_1(x-gt)}{Z_0}$$

つまり，前進波については，電圧と電流の比が特性インピーダンス $Z_0$ になっている．一方，負方向に伝搬する波は**後退波**（backward wave）と呼ばれ，

$$v(x,t) = f_2(x+gt), \quad i(x,t) = -\frac{f_2(x+gt)}{Z_0}$$

と書ける．後退波については電圧と電流の比が $-Z_0$ になる[§]．波の性質から，電気は遠くまで高速で信号を伝えることができる．

---

[†]通信など高い周波数で用いられるケーブルは，特性インピーダンスとして $50\,\Omega$ や $75\,\Omega$ のものがよく使われる．
[‡]波は 2 つの物理量が関係しており，その比が特性インピーダンスである．電気以外の波についても，どのような物理量のペアか考えると良い．
[§]電流の向きは常に $x$ の正方向を正としている．

## 10.5 波の注入と反射

図 10.5 のような特性インピーダンス $Z_0$, 伝搬速度 $g$, 長さ $l$ の分布定数線路を含む回路を考える. 時刻 $t=0$ においてスイッチを閉じると, 分布定数線路に右向きの波が注入される. その波の電圧と電流の比は $Z_0$ なので, スイッチを閉じた直後の電源側の等価回路は図 10.6 (a) のように書ける. したがって,

$$v(0,t) = \frac{Z_0}{r+Z_0}V, \quad i(0,t) = \frac{V}{r+Z_0} \tag{10.10}$$

の波が右向きに伝搬し始める[†].

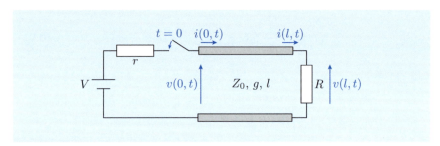

図 10.5　分布定数線路を含む回路

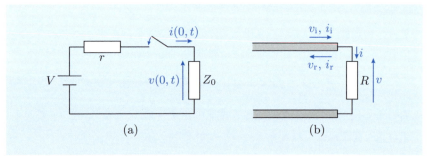

図 10.6　(a) 電源側の等価回路と (b) 終端における反射

終端まで到達した前進波の電圧 $v_i$, 電流 $i_i$ とすると, $\frac{l}{g}$ の遅延を考慮して,

---

[†] 図 10.6 (a) の $Z_0$ は抵抗素子として表現されているが, ここでエネルギーが熱として消費されるわけではなく, 波として分布定数線路に入っていくことを示している.

$$v_{\mathrm{i}} = v\left(0, t - \frac{l}{g}\right), \quad i_{\mathrm{i}} = i\left(0, t - \frac{l}{g}\right)$$

と書ける．終端では反射により後退波の電圧 $v_{\mathrm{r}}$，電流 $i_{\mathrm{r}}$ が発生する．抵抗 $R$ の電圧 $v = v(l, t)$，電流 $i = i(l, t)$ とおくと，それぞれ電圧と電流の関係，

$$v_{\mathrm{i}} = Z_0 i_{\mathrm{i}}, \quad v_{\mathrm{r}} = -Z_0 i_{\mathrm{r}}, \quad v = Ri \tag{10.11}$$

を満たしている．また，終端における電圧と電流の境界条件はそれぞれ

$$v_{\mathrm{i}} + v_{\mathrm{r}} = v, \quad i_{\mathrm{i}} + i_{\mathrm{r}} = i \tag{10.12}$$

と書ける．式 (10.11) と (10.12) から，反射波に関して

$$v_{\mathrm{r}} = \frac{R - Z_0}{R + Z_0} v_{\mathrm{i}}, \quad i_{\mathrm{r}} = -\frac{R - Z_0}{R + Z_0} i_{\mathrm{i}}$$

が得られる．入射波に対する反射波の割合は**反射係数**（reflection coefficient）と呼ばれ，電圧反射係数 $\gamma_{\mathrm{v}}$，電流反射係数 $\gamma_{\mathrm{i}}$ は

$$\gamma_{\mathrm{v}} = \frac{R - Z_0}{R + Z_0}, \quad \gamma_{\mathrm{i}} = -\gamma_{\mathrm{v}} \tag{10.13}$$

となる．$R = Z_0$ の場合は反射波が発生しないため，**整合終端**（matched termination）と呼ばれる[†]．

■ **例題 10.1**（過渡現象の計算）■

図 **10.5** において，$r = Z_0$, $R = \frac{Z_0}{2}$ の場合の $v(0, t)$, $i(0, t)$ を求め，図示せよ．

**【解答】** $r = Z_0$ なので，式 (10.10) より，入射される波は

$$v(0, t) = \frac{V}{2}, \quad i(0, t) = \frac{V}{2Z_0} \tag{10.14}$$

である．この波は $t = \frac{l}{g}$ に終端に到着し，反射する．電圧反射係数 $\gamma_{\mathrm{v}}$ は式 (10.13) より，

$$\gamma_{\mathrm{v}} = \frac{\frac{Z_0}{2} - Z_0}{\frac{Z_0}{2} + Z_0} = -\frac{1}{3}$$

---

[†]特性インピーダンス $Z_0$ のケーブルに，特性インピーダンス $Z_0'$ のケーブルを接続した場合も式 (10.13) において $R = Z_0'$ とおいた反射が発生する．したがって，反射しないように接続するためには，特性インピーダンスが等しいケーブルを接続する必要がある．

である. したがって, 反射波は

$$v_\mathrm{r} = \gamma_\mathrm{v} v_\mathrm{i} = -\frac{V}{6}, \quad i_\mathrm{r} = -\gamma_\mathrm{v} i_\mathrm{i} = \frac{V}{6Z_0} \qquad (10.15)$$

反射された波は左向きに進み電源端に戻るが, その時刻は $t = 2\frac{l}{g}$ である. 電源端では, $r = Z_0$ より, 整合されており, これ以上の多重反射は生じない. したがって, 反射波が電源側に戻ってからは式 (10.14) と式 (10.15) の和になり,

$$v(0,t) = \begin{cases} \frac{V}{2} & 0 \leq t < 2\frac{l}{g} \\ \frac{V}{3} & 2\frac{l}{g} < t \end{cases}, \quad i(0,t) = \begin{cases} \frac{V}{2Z_0} & 0 \leq t < 2\frac{l}{g} \\ \frac{2V}{3Z_0} & 2\frac{l}{g} \leq t \end{cases}$$

となる. 図示すると図 10.7 のようになる.

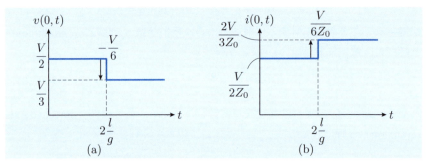

図 10.7 電源側で観察される波形. (a) 電圧 $v(0,t)$, (b) 電流 $i(0,t)$.

逆に, 電源側において図 10.7 の波形が得られた場合には, 終端のインピーダンスがわかる. 図 10.7 (a) より $\frac{V}{2}$ が入射して, $\frac{V}{2} - \frac{V}{3}$ が反射したことから, 電圧反射係数

$$\gamma_\mathrm{v} = \frac{\frac{V}{2} - \frac{V}{3}}{\frac{V}{2}} = -\frac{1}{3}$$

が得られる. これを式 (10.13) に代入すれば, $R = \frac{Z_0}{2}$ が求められる. さらに伝搬速度 $g$ もわかっていれば, 反射波の戻ってくる時刻 $\tau = 2\frac{l}{g}$ から, 終端までの距離 $l = \tau \frac{g}{2}$ と求められる. これはレーダ (radar) の原理である[†].

---

[†] このようなレーダの原理は波であれば利用でき, 超音波エコーなども同じ原理である. その意味ではコウモリやイルカも利用している.

## 10.6 交流の波

図 10.8 のような角周波数 $\omega$ の交流電源を用いて励振した場合を考えてみよう．交流の場合は前進波の式 (10.7) は，複素数の表現を用いて

$$\begin{aligned}f_1(x-gt) &= \mathrm{Re}[A_1 e^{-j\beta(x-gt)}] \\ &= \mathrm{Re}[A_1 e^{j(\omega t-\beta x)}] \\ &= \mathrm{Re}[A_1 e^{-j\beta x} e^{j\omega t}]\end{aligned}$$

の形で書ける[†]．つまり，前進波は位置 $x$ に依存したフェーザ $A_1 e^{-j\beta x}$ で記述できる．同様に考えると，後退波は $A_2 e^{j\beta x}$ となる．したがって，分布定数線路上の波は，式 (10.8) と式 (10.9) より

$$\begin{aligned}V(x) &= A_1 e^{-j\beta x} + A_2 e^{j\beta x} \\ I(x) &= \frac{A_1}{Z_0} e^{-j\beta x} - \frac{A_2}{Z_0} e^{j\beta x}\end{aligned} \quad (10.16)$$

となる．

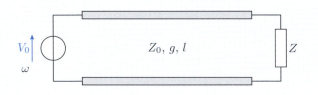

図 10.8 交流の場合

10.5 節では時間領域で考えたので，スイッチを閉じた直後の議論を行ったが，交流の場合は終端において電圧反射係数 $\Gamma_\mathrm{v}$ から考えた方が見通しがよい．式 (10.11) と (10.12) が対応するフェーザにおいても成立するので，

---

[†] $\beta$ は位相定数と呼ばれ，波長 $\lambda$ に対して，

$$\begin{aligned}\beta &= \frac{2\pi}{\lambda} \\ &= \frac{\omega}{g} = \omega\sqrt{LC}\end{aligned}$$

が成立する．

**122**　　　　　　　第 10 章　電 気 の 波

$$\Gamma_{\mathrm{v}} = \frac{Z - Z_0}{Z + Z_0}$$

$$\Gamma_{\mathrm{i}} = -\Gamma_{\mathrm{v}}$$

となる．ただし，終端のインピーダンス $Z$ が複素数の場合は $\Gamma_{\mathrm{v}}$ も複素数になり，$|\Gamma_{\mathrm{v}}| \leq 1$ を満たす．特に $|\Gamma_{\mathrm{v}}| = 1$ の場合は前進波と後退波の大きさが等しくなり，**定常波**または**定在波**（standing wave）と呼ばれる．また，$Z = Z_0$ の場合は $\Gamma_{\mathrm{v}} = 0$ となり，整合するため後退波は存在せず，前進波のみになる．

式 (10.16) においては，終端 $x = l$ における反射係数は

$$\Gamma_{\mathrm{v}} = \frac{A_2 e^{j\beta l}}{A_1 e^{-j\beta l}}$$

$$= \frac{A_2}{A_1} e^{j2\beta l}$$

と書けることを利用して，式 (10.16) の $V(x)$ を書き直すと，

$$V(x) = A_1 e^{-j\beta x} \left( 1 + \frac{A_2}{A_1} e^{2j\beta x} \right)$$

$$= A_1 e^{-j\beta x} \left\{ 1 + \Gamma_{\mathrm{v}} e^{-2j\beta(l-x)} \right\} \tag{10.17}$$

となる．同様に電流も式 (10.16) より，

$$I(x) = \frac{A_1}{Z_0} e^{-j\beta x} \left( 1 - \frac{A_2}{A_1} e^{2j\beta x} \right)$$

$$= \frac{A_1}{Z_0} e^{-j\beta x} \left\{ 1 - \Gamma_{\mathrm{v}} e^{-2j\beta(l-x)} \right\} \tag{10.18}$$

と書ける．

$x = 0$ における電圧 $V(0) = V_0$ であることから，

$$A_1 = \frac{V_0}{1 + \Gamma_{\mathrm{v}} e^{-2j\beta l}} \tag{10.19}$$

のように求められる．

### 例題 10.2 （定常現象の計算）

図 10.8 において，終端が開放 $Z = \infty$，長さ $l$ が波長 $\lambda$ に等しい場合の，分布定数線路上の電圧分布 $|V(x)|$，電流分布 $|I(x)|$ を求め，図示せよ．

【解答】 終端開放なので，$Z = \infty$ より電圧反射係数 $\Gamma_\mathrm{v} = 1$ である．電流反射係数は $\Gamma_\mathrm{i} = -1$ である．このことから，式 (10.19) より $A_1 = \frac{V_0}{2}$ となる．式 (10.17) より電圧の分布 $V(x)$ は

$$V(x) = V_0 \cos \beta(l - x)$$

式 (10.18) より電流の分布 $I(x)$ は

$$I(x) = j\frac{V_0}{Z_0} \sin \beta(l - x)$$

となる．したがって，定在波の振幅は

$$|V(x)| = |V_0 \cos \beta(l - x)|, \quad |I(x)| = \left|\frac{V_0}{Z_0} \sin \beta(l - x)\right|$$

となる．これを図示すると，図 10.9 となる．

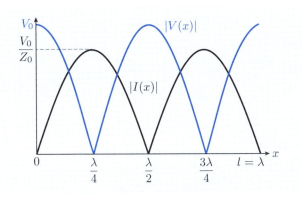

図 10.9　終端開放の場合の電圧電流分布

終端が開放の場合は，電圧は**自由端**，電流は**固定端**になる．一方，終端を短絡した場合は，電圧は固定端，電流が自由端になる．波を構成する 2 つの物理量で，定在波の**腹**と**節**が対応していることがわかる．

## 10.7 波の波長と回路の大きさ

図 10.9 のように，定在波は電磁波の波長の半分 $\frac{\lambda}{2}$ の周期で繰り返される．一方，分布定数線路の長さ $l$ が短い場合，例えば $l = \frac{\lambda}{20}$ の場合に図 10.9 と同様の図を描くと図 10.10 のようになる．

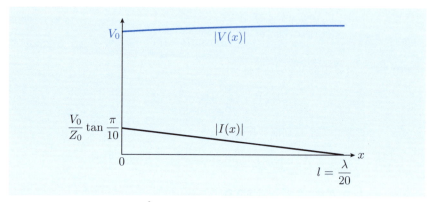

図 10.10　$l = \frac{\lambda}{20}$ の場合の，終端開放の場合の電圧電流分布

この場合は，分布定数線路上の電圧や電流は位置 $x$ によって大きくは変化しないが，ある程度の変化があることがわかる．目的にもよるが，回路の大きさが $\frac{\lambda}{50}$ 以上になると，波としての性質を考慮しておく必要がある．一方で，回路の大きさが波長に比べて十分小さい場合には，集中定数線路における配線のように考えても良い．

例えば，60 Hz の電磁波の場合，真空中の波長は 5000 km 程度である．この場合，$\frac{\lambda}{50}$ は 100 km となるので，これより短い線は集中素子として扱ってよい．一方で，1 GHz では真空中の波長が 30 cm 程度なので，数ミリの配線でも波としての性質を意識しておく必要がある．

また，図 10.9 と同様に終端開放で，$l = \frac{\lambda}{4}$ の場合を考えてみよう．この場合，式 (10.19) において，

$$\varGamma_\mathrm{v} = 1$$
$$e^{-2j\beta l} = -1$$

となり，$A_1$ が無限大に発散する．実際には導線の損失もあるため，無限大にはならないものの，大きな電流が流れる．これは音の共鳴と同じ仕組みで，回路の長さにより電磁波の共振が起きることを示している[†]．このような現象は，次の章で扱う電磁波を出したり受けたりする場合に使われるアンテナに利用される．

この章では，高い周波数では電気の波としての性質が登場し，波の速度や定在波などの音や光の波と同様の性質をもつことを学習した．このような波として電気回路を扱う手法は現在の回路設計では不可欠になっている．振動現象については「振動と波動」，分布定数線路に関しては「伝送線路論」を学ぶと良い．電磁波を扱う次の章に進むためには，交流の波が反射して生じる定在波の扱い方を理解しておくこと．下記演習問題によりこの章の理解を確認してほしい．

## 10章の演習問題

☐ **10.1** 図 10.11 の回路において，$x = \frac{l}{2}$ において観察される電圧と電流の波形を図示せよ．

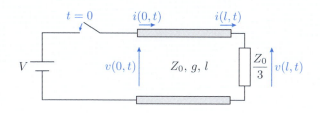

図 10.11 スイッチを含む回路

---

[†]終端開放で，電圧源で励振している場合は，同様のことが
$$l = \frac{\lambda}{4} + n\frac{\lambda}{2} \quad (n = 0, 1, 2, \ldots)$$
において発生する．

☐ **10.2** 図 10.12 のように終端が短絡された特性インピーダンス $Z_0$,位相定数 $\beta$ の分布定数線路がある.長さ $l = \frac{5\lambda}{8}$ の場合に発生する定在波の電圧と電流の大きさの分布を求めよ.

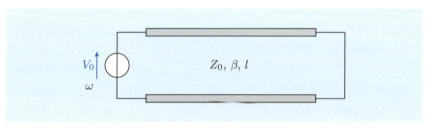

**図 10.12** 交流電源を含む回路

☐ **10.3** 図 10.12 の回路において,電源から見たインピーダンス $\frac{V(0)}{I(0)}$ が 0 となるときの長さ $l$ を求めよ.また,$\frac{V(0)}{I(0)}$ が $\infty$ となるときの長さ $l$ を求めよ.

☐ **10.4** 長さ $l$,位相定数 $\beta$,特性インピーダンス $Z_0$ の分布定数線路の末端における電圧反射係数が $\Gamma_\mathrm{v}$ のとき,始端から見たインピーダンス $\frac{V(0)}{I(0)}$ を求めよ.

☐ **10.5** LAN ケーブルを用いて電気の速度を測定せよ.また,終端に抵抗を接続し,無反射になる抵抗から特性インピーダンスを求めよ.

# 第11章

# 回路と電磁波

　本章では，電圧や電流などの電気回路の物理量と，空間における電界や磁界などの電磁気の物理量の関係について学習する．それらを用いることで，回路であるアンテナから放射される電磁波が波としてどのように広がっていくかが見えてくる．また，アンテナが2個以上ある場合には，それらによる干渉が発生することを学習する．この章では，基本的な数学の道具だけで，電波の干渉まで扱えることを示している．

## 11.1 アンテナ

　前章で扱った分布定数線路の場合は，図 11.1 (a) のように，2本の導体をペアにして，その間の空間に電磁界が伝搬できるようにして，導体をガイド役として回路を構成していた．同様に，図 11.1 (b) のような1本の導体であっても，電磁波のガイド役は成立し，そのまわりに電磁界を伴いながら光の速度で電気は伝搬する．このような線路のことを**単導体線路**（single-wire transmission line）と呼ぶ．

　2本の導体の場合は，ペア導体の外側に作る磁界 $H$ や電界 $E$ は2つの導体の電流で互いに打ち消し合う向きなので小さい．このことは，2導体間に存在する電磁波が適切にガイドされ，外部に放射されるエネルギーは十分小さいことを示している．一方，単導体の場合は打ち消し合いが発生しないため，図 11.1 (b) のように，外部に大きな電磁界が存在し，その一部は遠方に放射される．このように回路の電気エネルギーを電磁波の形で放出したり，逆に空間の電磁波を回路の電気エネルギーとして取り込む装置を**アンテナ**（antenna）と呼ぶ．つまり，回路にアンテナを接続することで，外部の空間に電磁波を飛ばしたり，外部の電磁波を受けとったりすることができる．このような現象は無線による情

# 第 11 章 回路と電磁波

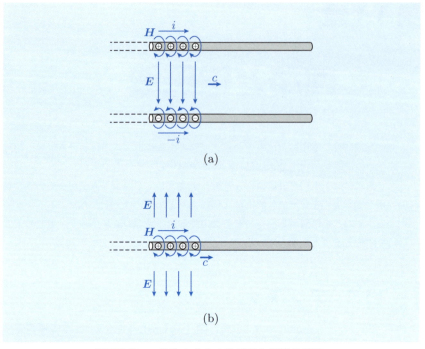

図 11.1　2 導体の分布定数線路と単導体線路

報伝送やエネルギー伝送に広く使われている．

## 11.2 回路と電磁気の物理量

第4章で扱ったように,回路の物理量は,電圧 $v$,磁束 $\phi$,電流 $i$,電荷 $q$ であった.それらに対応する電磁気の物理量を考える[†].回路の4個の物理量のそれぞれに対して,電磁気の2個の物理量による表現があり,スカラー,単位長さ当たり,単位面積当たり,単位体積当たりの量として時間変化がない場合について分類すると図 11.2 のようになる[‡].

● **電圧** 電圧 $v$ の単位はボルト V であるが,対応する物理量として**電界ベクトル** $\boldsymbol{E}$(単位 V/m)があり,これを曲線 $l$ に沿って線積分すると電圧が得られ

| 回路 | $v$ | $\phi$ | $i$ | $q$ |
|---|---|---|---|---|
| スカラー | $\varphi$ | | | |
| /m | $E$ | $A$ | $H$ | |
| /m² | | $B$ | $J$ | $D$ |
| /m³ | | | | $\rho$ |

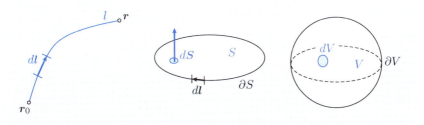

図 11.2　物理量の関係と積分

---
[†] 電磁気の物理量の基本に関しては付録参照.
[‡] 線積分,面積積分,体積積分などが未習の場合はこの節の式は飛ばしても良い.

**130**　　　　　　　　第 11 章　回路と電磁波

る．静電磁界ではその線積分は経路に依存せず，ある基準点 $r_0$ を固定すると[†]，位置 $r$ におけるスカラーポテンシャル[‡] $\varphi$（単位 V）との差として表現できる[§]．

$$v = -\int_{r_0}^{r} \boldsymbol{E} \cdot dl$$
$$= \varphi(r) - \varphi(r_0) \tag{11.1}$$

● **磁束**　磁束 $\phi$ の単位はウェーバ Wb であるが，対応する物理量として**磁束密度ベクトル** $\boldsymbol{B}$（単位 $\mathrm{Wb/m^2}$）があり，これを曲面 $S$（導体線によって作られたループの内側）について面積分すると磁束が得られる[¶]．この面積分は単位長さ当たりの量である**ベクトルポテンシャル** $\boldsymbol{A}$（単位 Wb/m）を $S$ の境界閉曲線 $\partial S$ に沿って周回線積分したものとして書くこともできる．

$$\phi = \int_{S} \boldsymbol{B} \cdot d\boldsymbol{S}$$
$$= \oint_{\partial S} \boldsymbol{A} \cdot dl \tag{11.2}$$

● **電流**　電流 $i$ の単位はアンペア A であるが，対応する物理量として**電流密度ベクトル** $\boldsymbol{J}$（単位 $\mathrm{A/m^2}$）があり，これを曲面 $S$（導体線の断面）について面積分すると電流が得られる．静電磁界の場合，この面積分は単位長さ当たりの量である**磁界** $\boldsymbol{H}$（単位 A/m）を $S$ の境界閉曲線 $\partial S$ に沿って周回積分したものとして書くこともできる[††]．

$$i = \int_{S} \boldsymbol{J} \cdot d\boldsymbol{S}$$
$$= \oint_{\partial S} \boldsymbol{H} \cdot dl \tag{11.3}$$

● **電荷**　電荷 $Q$ の単位はクーロン C であるが，対応する物理量として**電荷密度** $\rho$（単位 $\mathrm{C/m^3}$）があり，これを体積 $V$ について体積積分すると電荷が得られる．この体積積分は単位面積当たりの量である**電束密度ベクトル** $\boldsymbol{D}$（単位 $\mathrm{C/m^2}$）を体積 $V$ の境界閉曲面 $\partial V$ 上で面積分したものとして書くことができる[‡‡]．

---

[†] 回路ではグラウンドに相当する．
[‡] 電位とも呼ばれる．
[§] $dl$ は線に沿った方向のベクトルである．
[¶] $d\boldsymbol{S}$ は面の法線方向を向くベクトルである．
[††] **アンペールの法則**（$2\pi r H = I$）はこの関係を表す．
[‡‡] **ガウスの法則**と呼ばれる．

## 11.2 回路と電磁気の物理量 131

$$q = \int_V \rho \, dV$$
$$= \oint_{\partial V} \boldsymbol{D} \cdot d\boldsymbol{S} \tag{11.4}$$

電磁界が時間変化する場合，**ファラデーの電磁誘導の法則**により磁束の時間変化も電界を作るため，式 (11.1) は

$$-\int_{\boldsymbol{r}_0}^{\boldsymbol{r}} \boldsymbol{E} \cdot d\boldsymbol{l} = \varphi(\boldsymbol{r}) - \varphi(\boldsymbol{r}_0) + \frac{\partial}{\partial t} \int_{\boldsymbol{r}_0}^{\boldsymbol{r}} \boldsymbol{A} \cdot d\boldsymbol{l} \tag{11.5}$$

のようになる．つまり，電圧と磁束の時間微分が関係付けられる．また，式 (11.3) は電荷の時間変化による**変位電流**が加わって，次のような**アンペールの法則**になる[†]．

$$\int_S \left( \boldsymbol{J} + \frac{\partial \boldsymbol{D}}{\partial t} \right) \cdot d\boldsymbol{S} = \oint_{\partial S} \boldsymbol{H} \cdot d\boldsymbol{l} \tag{11.6}$$

電流と電荷の時間微分が関係付けられた式である．

---

● **マクスウェルの方程式** ●

マクスウェルは電磁界を表現する方程式として，式 (11.5), (11.2), (11.6), (11.4) を導いた．これらの方程式は積分形のマクスウェルの方程式と呼ばれる．同じ関係を微分を用いて記述する場合は，空間微分として回転（$\boldsymbol{\nabla} \times$）や発散（$\boldsymbol{\nabla} \cdot$）を用いて次のような形で表現される[‡]．

$$\boldsymbol{\nabla} \times \boldsymbol{E} = -\frac{\partial \boldsymbol{B}}{\partial t}$$
$$\boldsymbol{\nabla} \cdot \boldsymbol{B} = 0$$
$$\boldsymbol{\nabla} \times \boldsymbol{H} = \boldsymbol{J} + \frac{\partial \boldsymbol{D}}{\partial t}$$
$$\boldsymbol{\nabla} \cdot \boldsymbol{D} = \rho$$

第 1 式は式 (11.5) と等価なファラデーの電磁誘導の法則，第 2 式は式 (11.2) と等価な式である．第 3 式は式 (11.6) と等価なアンペールの法則，第 4 式は式 (11.4) と等価なガウスの法則である．

---

[†] コンデンサの極板間は電流ではなく変位電流が流れる．
[‡] 単位長さ当たりの量の空間微分が回転，単位面積当たりの量の空間微分は発散．

**132**　　　　　　　　　第 11 章　回路と電磁波

## 11.3　回路から放射される波

回路の物理量を表した図 4.3 において，左側の $v$, $\phi$ と右側の $i$, $q$ の間を結ぶのが，$q = Cv$ や $\phi = Li$ などの関係式である．図 11.2 の電磁気の物理量では，右側の $\boldsymbol{J}$ と $\rho$ が波源となり，光の速度 $c$ で波が伝わる形で左側の物理量が作られることが知られている[†]．つまり，回路の物理量に対応させると，右側の $i$, $q$ が源になって，左側の $v$, $\phi$ を作り出すので，物理的には $v = \frac{q}{C}$ と $\phi = Li$ になっているといえる．

まず，$v = \frac{q}{C}$ に対応する関係は，点電荷のフェーザ $Q$ が距離 $r$ 離れたところに作る**スカラーポテンシャル**[‡]（電位）として

$$\varphi(r,t) = \frac{1}{4\pi\epsilon_0 r} \mathrm{Re}[Q e^{j(\omega t - \beta r)}] \tag{11.7}$$

のように書ける[§]．ここで，$\epsilon_0$ は**真空の誘電率**（電気定数）である．

同様に，$\phi = Li$ に対応する関係は，微小な長さの電流フェーザのベクトル $I\Delta l$ が距離 $r$ 離れたところに作る**ベクトルポテンシャル**（磁束）として，

$$\boldsymbol{A}(r,t) = \frac{\mu_0}{4\pi r} \mathrm{Re}[I\Delta l e^{j(\omega t - \beta r)}] \tag{11.8}$$

と書ける[¶]．ここで，$\mu_0$ は**真空の透磁率**（磁気定数）である．

これらは，微小電流や点電荷が作る電磁界は，点波源を中心とする同心球面で広がる $\varphi$ や $\boldsymbol{A}$ の波であることを示している．また，点電荷が作る電界 $\boldsymbol{E}^Q$ は式 (11.7) の電位の $r$ に関する微分として与えられ[††]，

$$\boldsymbol{E}^Q = -\frac{\partial \varphi}{\partial r} \boldsymbol{r} = \frac{1}{4\pi\epsilon_0} \mathrm{Re}\left[\left(\frac{1}{r^2} + \frac{j\beta}{r}\right) Q e^{j(\omega t - \beta r)}\right] \boldsymbol{r} \tag{11.9}$$

となる．ただし，$\boldsymbol{r}$ は点電荷から外向きの単位ベクトルである．$\frac{1}{r}$ の微分が $-\frac{1}{r^2}$ になるのに対して，位相の成分 $e^{-j\beta r}$ に対する微分が $\frac{1}{r}$ の形で残る．

一方，微小電流が作る電界 $\boldsymbol{E}^I$ は，式 (11.8) の磁束の時間 $t$ に関する微分よ

---

[†] 前章の 1 次元の波と同様にマクスウェルの方程式は 3 次元の波動方程式になっている．
[‡] ここでは波の性質を考えるため，ローレンツゲージを仮定している．
[§] この式は，付録にある静電界の電位 $\varphi = \frac{q}{4\pi\epsilon_0 r}$ を基に考えると良い．時間変化する場合はフェーザ $Q$ に対して波の**遅延**を伴って伝搬することを表す項 $e^{j(\omega t - \beta r)}$ が係数としてかかることを示している．
[¶] スカラーポテンシャルと同じ形をしている．付録のビオ–サバールの法則の代わりにフェーザ $I$ に対するベクトルポテンシャルとして記述し，遅延を与えたものと考えても良い．
[††] 電位と電界の関係．

り[†],

$$E^I = -\frac{\partial \boldsymbol{A}}{\partial t} = -\frac{\mu_0}{4\pi r}\mathrm{Re}[j\omega I \Delta l e^{j(\omega t - \beta r)}] \quad (11.10)$$

で与えられる．電界の方向は電流の方向に等しい．

### ■ 例題 11.1（微小ダイポールの作る電磁波）■

図 11.3 のように原点に角周波数 $\omega$，微小長さ $\Delta l$ の $z$ 方向の均一な電流 $I$ と，その両端に点電荷 $(Q = \frac{I}{j\omega})$ があるとき[‡]，十分遠方の点 $\mathrm{P}_1(0, r, 0)$，$\mathrm{P}_2(0, 0, r)$ における電界を求めよ．ただし，十分遠方なので $r^{-2}$ 以下の成分は無視してよい．また，$\Delta l$ の 2 乗以上の項も微小量として無視してよい．

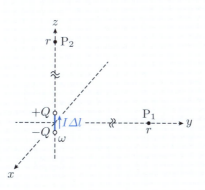

図 11.3 微小ダイポールが遠方の点 $\mathrm{P}_1, \mathrm{P}_2$ に作る電界

【解答】 まず，電荷の作る電界のフェーザ表現は式 (11.9) より，$r^{-2}$ の項を無視すると，電荷 $Q$ から外向きに

$$E_r^Q \sim \frac{j\beta}{4\pi\epsilon_0 r} Q e^{-j\beta r}$$

となる．点 $\mathrm{P}_1$ に対しては，$y$ 方向を考えると $+Q$ と $-Q$ の作る電界がキャンセルする．したがって，$\mathrm{P}_1$ における $y$ 方向の電界は $E_y^Q(\mathrm{P}_1) = 0$ である[§]．

点 $\mathrm{P}_2$ に対しては，$z$ 方向の電界が微小距離 $\Delta l$ の差として，やはり位相の成

---
[†] ファラデーの電磁誘導の法則 (11.5)．
[‡] このような波源を微小ダイポールと呼ぶ．
[§] この電界の $x$ 方向成分は 0，$z$ 方向成分はキャンセルしないが，微小量である．

**134** 第 11 章　回路と電磁波

分が残って,

$$E_z^Q(\mathrm{P}_2) = \frac{j\beta}{4\pi\epsilon_0 r}Q\left\{e^{-j\beta\left(r-\frac{\Delta l}{2}\right)} - e^{-j\beta\left(r+\frac{\Delta l}{2}\right)}\right\}$$

$$= -\frac{\beta^2\Delta l}{4\pi\epsilon_0 r}Qe^{-j\beta r}$$

となる†. このように, 2 個の電荷による影響は点 $\mathrm{P}_1$ ではキャンセルし, $\mathrm{P}_2$ には残る.

次に電流が作る電界のフェーザ表現を考える. 式 (11.10) により, 点 $\mathrm{P}_1$, $\mathrm{P}_2$ どちらにおいても, 電流 $I\Delta l$ の作る電界は $z$ 方向のみで,

$$E_z^I = -\frac{\mu_0 j\omega}{4\pi r}I\Delta l e^{-j\beta r}$$

となる.

結局, 電荷からの寄与と電流からの寄与を加えると, 点 $\mathrm{P}_1$ では $z$ 方向成分のみで, 次のようになる.

$$E_z(\mathrm{P}_1) = -\frac{\mu_0 j\omega}{4\pi r}I\Delta l e^{-j\beta r}, \quad E_x(\mathrm{P}_1) = E_y(\mathrm{P}_1) = 0 \qquad (11.11)$$

点 $\mathrm{P}_2$ でも, $x, y$ 成分は存在しないので, $z$ 方向成分を考える. $j\omega Q = I$ に注意して電荷と電流の寄与を足し合わせると,

$$E_z(\mathrm{P}_2) = -\frac{\beta^2 Q\Delta l}{4\pi\epsilon_0 r}e^{-j\beta r} - \frac{\mu_0 j\omega I\Delta l}{4\pi r}e^{-j\beta r} = 0$$

$$E_x(\mathrm{P}_2) = E_y(\mathrm{P}_2) = 0$$

となり, 点 $\mathrm{P}_2$ における電界は 0 になる.

このように, $z$ 方向の微小ダイポールに対して, 十分遠方における電界は $\mathrm{P}_1$ の方向に伝搬し, $\mathrm{P}_2$ の方には伝搬しない‡. 遠方では, このような $\frac{1}{r}$ の距離依存性をもつ電界が $\frac{1}{r^2}$ 以降の成分に対して支配的になるため, このような電界を**遠方界**と呼び, 電磁波として放射された電界と考える. また, 電流が作るベクトルポテンシャルの成分であるため, 電界は電流と同じ向き ($z$ 方向) に**偏波 (偏光)** している.

以上の議論を単純化し, 原点に点波源があるとして式 (11.11) によって表現

---

† 係数 $\frac{1}{r+\Delta l}$, $\frac{1}{r-\Delta l}$ の部分の影響は微小量になる.
‡ 対称性から, $x$–$y$ 平面上のすべての方向に波は広がる.

される $z$ 方向電界を考えると，$x$–$y$ 平面上では原点から放射状に波が伝搬する．その様子を $x$–$y$ 平面上において原点における位相を 0（山）として等位相の波面を実線で表現し，位相 $\pi$（谷）の等位相の波面を破線で表現すると，図 11.4 のように同心円となり，原点から波が広がる様子を表現することができる．このような図は次の節で波の干渉を考えるときに視覚的な理解を助ける．

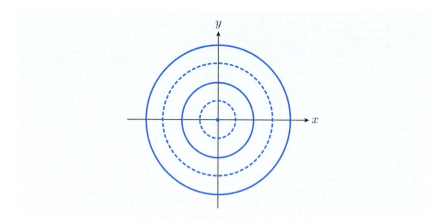

図 11.4 　$x$–$y$ 平面上等位相の波面

この節では，電界をもとに議論を行ったが，このような電磁波は伝搬方向に対して電界 $\boldsymbol{E}$ と磁界 $\boldsymbol{H}$ が直交する横波である．電界（単位 V/m）と磁界（単位 A/m）の比は

$$Z_0 = \left|\frac{\boldsymbol{E}}{\boldsymbol{H}}\right| = \sqrt{\frac{\mu_0}{\epsilon_0}} \tag{11.12}$$

となることが知られており，**電磁波の特性インピーダンスや真空の特性インピーダンス**と呼ばれる[†]．

---

[†] このインピーダンスは図 11.2 の右側 $(i, q)$ から左側 $(v, \phi)$ に対応させるもので，$\boldsymbol{E} = Z_0 c \boldsymbol{D}$，$c\boldsymbol{B} = Z_0 \boldsymbol{H}$ となっている．また，微小ダイポールから放射される電力 $P$ は，このインピーダンス $Z_0$ と波長 $\lambda$ を用いて，$P = \frac{\pi}{3}\left(\frac{I\Delta l}{\lambda}\right)^2 Z_0$ で与えられる．これと $P = \frac{1}{2}I^2 R$ から，放射損は抵抗 $R = \frac{2\pi}{3}\left(\frac{\Delta l}{\lambda}\right)^2 Z_0$ として表現される．

## 11.4 波の干渉

図 11.5 (a) のように 2 個の微小ダイポールが $x$ 軸上距離 $d$ 離れて置かれた場合を考える．この場合は両ダイポールが作る電磁波が干渉する．図 11.5 (b) は $x$–$y$ 平面上でみた配置である．図 11.5 (b) のように $\theta$ 方向の十分遠くの距離 $r$ の点 P を考えたときに，2 つの微小ダイポールからの距離の差は $d\cos\theta$ になる．したがって，$I_1 = I_2$ の場合は，点 P が $y$ 軸上にあるときには位相差が無く，強め合うことがわかる．

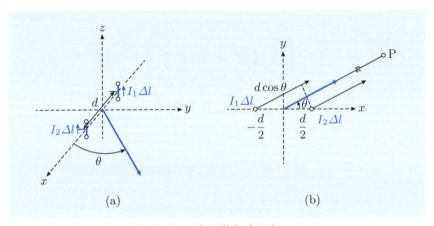

図 11.5　2 個の微小ダイポール

今，原点に $I\Delta l$ の $z$ 方向微小ダイポールを置いたときに点 P に作る電界の $z$ 成分のフェーザを $E_0$ とすると，式 (11.11) から

$$E_0 = -\frac{\mu_0}{4\pi r} j\omega I \Delta l e^{-j\beta r}$$

となる．したがって，図 11.5 (b) で $I_1 = I_2 = I$ の場合の，点 P に作られる電界は

$$E = E_0 \left( e^{-j\beta \frac{d}{2} \cos\theta} + e^{j\beta \frac{d}{2} \cos\theta} \right) \qquad (11.13)$$

$$= 2 E_0 \cos\left( \frac{\beta d}{2} \cos\theta \right) \qquad (11.14)$$

と書ける．

## 11.4 波の干渉

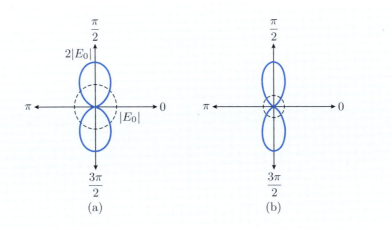

図 11.6　$I_1 = I_2$, $d = \frac{\lambda}{2}$ の場合の遠方界のパターン．破線は微小ダイポール 1 個の場合．(a) は電界，(b) は電力．

$d = \frac{\lambda}{2}$ の場合に，式 (11.14) の電界の大きさ $|E(\theta)|$ を $\theta$ の極座標で表示すると図 11.6 (a) のようになる．この図は $\theta = \frac{\pi}{2}, \frac{3\pi}{2}$ の方向に大きな電界が作られる一方で，$\theta = 0, \pi$ の方向には作られないことを示している．図 11.6 (a) の破線は微小ダイポール 1 個を原点に置いた場合であり，この場合は角度 $\theta$ に対する依存性は無い．一方，2 個の微小ダイポールの場合は，$\theta = \frac{\pi}{2}$ と $\theta = \frac{3\pi}{2}$ の方向に最大値 $2E_0$ の大きな電界が向いていることがわかる．このように，2 個のダイポールを用いることで電界の伝搬する方向を限定することができる．

また，放射される電力は電界の 2 乗に比例するため，微小ダイポール 1 個の場合に対して，$\theta = \frac{\pi}{2}, \frac{3\pi}{2}$ の方向では 4 倍の電力が放射される．電力のパターンを描くと図 11.6 (b) のようになり，より方向が集中していることがわかる．

この様子を図 11.4 のような $x$–$y$ 平面上の等位相面の形で描いたものが図 11.7 である．同位相の点波源が $\frac{\lambda}{2}$ だけ離れて配置されているため，$y$ 軸上は同位相になり，波が強くなる（青実線）．一方で，$x$ 軸上では逆位相の波の重ね合わせになり，互いに打ち消される（青破線）．このことは，図 11.6 において電界が $\theta = \frac{\pi}{2}$ と $\theta = \frac{3\pi}{2}$ の方向に放射され，$\theta = 0$ と $\theta = \pi$ 方向には放射されないことと対応している．

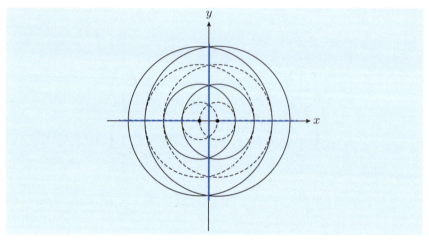

図 11.7　同位相の点波源の干渉

### 例題 11.2（逆位相の場合の遠方界）

図 11.5 において, $d = \frac{\lambda}{2}$, $I_1 = -I_2$ の場合の遠方界のパターンを描け.

**【解答】** 逆位相なので, 式 (11.13) より
$$E = E_0 \left( e^{-j\beta \frac{d}{2} \cos \theta} - e^{j\beta \frac{d}{2} \cos \theta} \right)$$
$$= 2jE_0 \sin \left( \frac{\beta d}{2} \cos \theta \right)$$
$$(11.15)$$

となる. これを図示すると, 図 11.8 のようになる. この場合は $\theta = 0, \pi$ の方向に大きな電界が放射される.

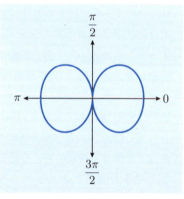

図 11.8　$I_1 = -I_2$, $d = \frac{\lambda}{2}$ の場合の遠方界のパターン

このように, ダイポールの干渉を利用すると, 電流の位相を変化させるだけで, 電波の飛ぶ方向を制御することができる. また, 素子を増やすことで, より放射方向を狭い範囲に絞ることができる（演習 11.4）.

## 11.5 波の送信と受信

微小ダイポールの電磁界 (11.11) を大きくするには，電流 $I$ と長さ $\Delta l$ を大きくする必要がある．波長に比べて短いダイポールは，末端が電流の固定端になるため，あまり電流が流せない．しかし，ダイポールを半波長の単導体線路にすることで，長さによる共振を利用して電流を大きく流すことができる．これを利用したアンテナが図 11.9 のような**半波長ダイポールアンテナ**である．図 11.9 (a) は電源をつないだ送信用のアンテナで，中央から給電することで，青色の破線のような共振状態の電流分布を作ることができる[†]．

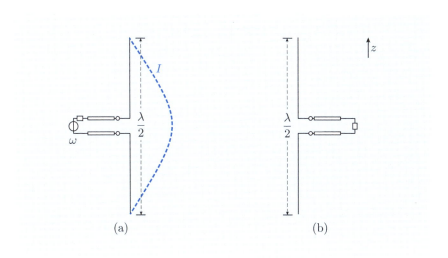

図 11.9　半波長ダイポールアンテナ．(a) 送信と (b) 受信．青色の破線は電流分布を示している．

また，図 11.9 (b) は負荷をつないだ受信用のアンテナである．波を受信する場合も，図のように $z$ 方向に導線を向けると，電界により導線に電流が誘導されることを利用している．このような仕組みは，情報通信だけでなくワイヤレスエネルギー伝送にも使われる．一方で，音の波が反響により場所によって聞こえ方が変わるのと同様に，Wi-Fi などのアンテナから放射される電波は，

---

[†] 半波長ダイポールの放射抵抗は $73\,\Omega$ なので，特性インピーダンス $75\,\Omega$ の分布定数線路がよく用いられる．

**140**　　　　　　　　　第 11 章　回路と電磁波

周辺の多数の金属や誘電体により散乱され，それらが干渉した複雑な電磁界を作る．したがって，場所により偏波の方向や大きさも大きく変わる†．

　この章では無線による送受信の基礎として回路から放射される電磁波について学び，電磁波も音の波や光の波と同様に波源としてのアンテナの位置に基づく干渉が生じることを学んだ．ベクトルの数学的扱いについてはベクトル解析や微分形式，電磁気現象に関しては，「電磁気学」を学ぶと良い．これで第 2 章から始めた電気の基本的な物理現象については終わりである．次の章では，実際に機能する回路の設計を目的として回路パラメータの決定法などについて学ぶ．電波に興味がある場合は「電磁波工学」，同じ電磁波でも周波数の高い光を学びたい場合は「光エレクトロニクス」で学ぶことができる．これらを使ったシステムは通信工学で学べる．回路も電磁波も高周波化することにより，多くの情報を扱うことができるため，光も含めてその物理現象を自由に操ることが期待されている．

---

†波長程度の範囲でも場所をずらすと受信電波の強度が変わる．

## 11章の演習問題

☐ **11.1** 図 11.5 のように，$x$–$y$ 平面上 $d = \frac{\lambda}{2}$ 離れて微小ダイポールが置かれているものとする．例題 11.2 のように 2 つの微小ダイポールが逆位相の場合，図 11.7 のように $x$–$y$ 平面上の山と谷の位置を各波源に対して描き，重ね合わせた場合に最も振幅が大きくなる場所と，打ち消される場所を示せ．遠方界の図 11.8 と対応することを確認せよ．

☐ **11.2** 図 11.5 のように，$x$–$y$ 平面上 $d = \frac{\lambda}{4}$ 離れて微小ダイポールが置かれているものとする．2 つの微小ダイポールが $\frac{\pi}{2}$ の位相差をもつとき，図 11.7 のように $x$–$y$ 平面上の山と谷の位置を各波源に対して描き，重ね合わせた場合に最も振幅が大きくなる場所と，打ち消される場所を示せ．ただし，$x$ 軸上正にある波源 $I_2$ の位相が進んでいるものとする．

☐ **11.3** 上の問題の場合の遠方界のパターンを求めよ．

☐ **11.4** 図 11.10 のように $N$ 個の同位相の微小ダイポールを $x$ 軸上間隔 $d$ で並べた場合のパターンを，微小ダイポール 1 個の場合を $E$ として求めよ．ただし，波長を $\lambda$ とする．

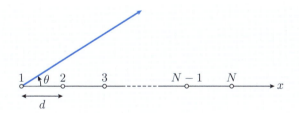

図 11.10　アンテナアレイ

☐ **11.5** ダイポールアンテナを作って電磁波の送受信を試せ．

# 第12章

# 回路の設計

　本章では，実際の回路の設計において重要となる，具体的な回路パラメータの決め方について考える．そのため，これまでに扱ってきた理想的な素子とは異なる実際に近い素子特性を想定するとともに，それらを扱うための回路シミュレーションを紹介する．電圧制御スイッチを用いたコンバータの過渡解析や，結合共振回路の AC 解析などを例に，具体的な波形や特性について議論を行う．

## 12.1　実際の回路

　これまでの章では，理想的な回路モデルに基づき，回路における電磁気現象がいろいろな機能に結び付く様子を見てきた．つまり，これまでに学んだ知識を用いれば，機能を実現する回路を作ることができる．実際に回路を設計する場合，回路パラメータを決定することが重要な要素になるが，その自由度と制約の中から適切にパラメータを決めるためには，多くのことを考慮しないといけない．

　例えば，2 つの抵抗の比を用いて電圧を分圧する場合，$1\Omega$ と $1\Omega$ を用いて分圧する場合と，$1\mathrm{M}\Omega$ と $1\mathrm{M}\Omega$ を用いて分圧する場合では理論上はどちらも等しい結果になりそうである．しかし，$1\Omega$ の場合は大きな電流が流れて消費電力が大きくなる一方，$1\mathrm{M}\Omega$ の場合は電流が少ないため外部からのノイズの影響を受けやすくなる．

　まず回路の設計においても，これまでの章で見てきたように，抵抗 $R$，キャパシタ $C$，インダクタ $L$ が基本素子として用いられる．これらの素子を実際の回路素子として使用する場合，物理的な制約による利用可能な素子値の範囲を考慮することも重要になる．基本的には，素子の大きさから上限は決まり，下

## 12.1 実際の回路 143

限は寄生素子の影響から決まる[†]. 加えて，熱的な要素も重要になる[‡].

一方，第 2 章で扱った演算の回路や第 6 章で扱った昇圧回路など，情報の処理やエネルギーの変換には制御スイッチが大きな役割をはたしている．これは，理想的なスイッチは無損失であること，時間スケールとしてはピコ秒のオーダーで高速に動作すること，大きさではナノメートルのスケールの極めて小さいスイッチが集積化できることなどの利点に基づいている．これらのスイッチは，**半導体**を用いたトランジスタやダイオードにより実現されている．これまでは，これらのスイッチが十分高速に動作するものとして扱っていたが，実際にはそれらが動作を繰り返す上では微小な時間におけるダイナミクスが存在し，それらも考慮して回路パラメータを決定していく必要がある．このような回路設計には回路シミュレータを用いると便利である．ダイオードやトランジスタの振舞は半導体の**量子力学**に基づく性質から実現されているが，ここではその詳細に入ることなく，機能を実現する上でシステムとして重要となる特性に焦点を当てる．

---

● **デシベル表示** ●

12.6 節で述べる AC 解析の結果など，伝達関数 $G(\omega)$ の大きさ $|G(\omega)|$ のような比率を**対数**で表現するときに**デシベル**（dB）がよく用いられ，次の値のことをいう．

$$20 \log_{10} |G(\omega)|$$

$|G(\omega)| = 1$ の場合が 0 dB であり，$|G(\omega)| = \frac{1}{10}$ の場合が $-20$ dB，$\frac{1}{100}$ が $-40$ dB となる．また，$\frac{1}{\sqrt{2}}$ が約 $-3$ dB となり，対数では積が和になることに注意すると $\frac{1}{2}$ が約 $-6$ dB である．積が和になる性質を利用すると，フィルタを多段接続する場合などにおいても，見通しがよく表現できる[§]．係数 20 は電力が電圧の 2 乗になっていることに対応しており，電力の比率の場合は $10 \log_{10}$ を用いる．

---

[†] キャパシタは pF から F 程度，インダクタは nH から mH くらいがよく使用される．
[‡] 消費電力に加えて，耐圧，極性などにも注意が必要．さらに，素子値は誤差も含む．
[§] 第 9 章参照．

## 12.2 ダイオードの特性

ダイオードは理想的には図 3.8 (b) のような特性を示し，$i = 0$ の場合はスイッチ OFF 状態，$v = 0$ の場合はスイッチ ON 状態と考えることができる．このような理想的なダイオードは，常に $iv = 0$ を満たすため，エネルギーの消費も無い．しかし，半導体の物理的な特性からは，実際のダイオードの特性は一般に

$$i = I_\mathrm{s}\left(e^{\frac{v}{v_\mathrm{T}}} - 1\right) \tag{12.1}$$

のように表現される[†]．$v_\mathrm{T}$ はボルツマン定数 $k$，絶対温度 $T$，電気素量 $q$ により $v_\mathrm{T} = \frac{kT}{q}$ と表現され，室温で $25\,\mathrm{mV}$ 程度である．**逆飽和電流** $I_\mathrm{s}$ は $1\,\mathrm{nA} \sim 1\,\mathrm{pA}$ 程度の値をもつ．例えば，$v_\mathrm{T} = 25\,\mathrm{mV}$，$I_\mathrm{s} = 1\,\mathrm{pA}$ の場合の特性は図 12.1 のようになる．OFF 状態の電流は十分小さいが，ON 状態では $0.6\,\mathrm{V}$ 程度の電圧が発生し損失を伴う．そのため，熱の影響を考えると順方向に流せる電流値には上限がある．さらに，式 (12.1) では表現されていないが，実際の回路では電圧を大きく負の値にすると，**ブレークダウン電圧**を超えた場合大きな負の電流が流れる．また，情報を扱うためのものとエネルギーを扱うためのものとでは扱う電流量が大きく異なるので，素子の大きさも異なり，回路の特性も大きく異なる[‡]．

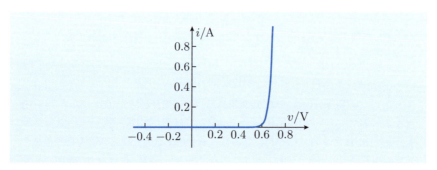

図 12.1 ダイオードの特性の例

---

[†] pn 接合のダイオードのモデル．
[‡] 実際に使用するときには素子ごとに提供されるデータシートを見ることが重要．

## ■ 例題 12.1（LED 点灯回路の抵抗）

第3章でも扱ったように，LED はダイオードであり，その点灯には流れる電流を制限するために図 12.2 のような回路を利用する．LED の点灯に必要な電圧を $V_D$，流したい電流を $i$ としたとき抵抗の値 $R$ を定めよ．

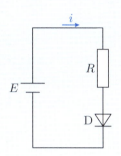

**図 12.2　LED 点灯回路**

【解答】　直流回路なので，

$$R = \frac{E - V_D}{i} \tag{12.2}$$

で定められる[†]．

式 (12.1) のような特性で表されるダイオードは $v$–$i$ 特性が線形ではない．このような素子を**非線形素子**と呼ぶ．非線形な素子を含む場合，第 2 章から第 11 章まで行ったような解析的な式による扱いが難しくなる[‡]．そのために，実際の設計では上の例題のようにダイオードに与える電圧や電流を決めることで回路パラメータを決めていく．さらに詳細な議論には 12.4 節で紹介する回路シミュレータがよく用いられる．

---

[†] $V_D$ や $i$ の値はデータシートで得られる．
[‡] 第 6 章でもダイオードを含む回路は扱ったが，うまく回避している．

## 12.3 トランジスタの特性

第 2 章で扱った**電圧制御スイッチ**（図 2.8）として，半導体スイッチであるトランジスタが用いられる[†]．理想的な特性は図 12.3 (a) のように，制御電圧 $v_{GS}$ が閾値 $V_T$ より小さい場合は開放（open）で電流 0，$v_{GS} > V_T$ では短絡（close）で電圧 0 となり，電力損失は無い．しかし実際には図 12.3 (b) のように，短絡した状態でも抵抗が存在し，$v = 0$ にはならない．また，$v_{GS}$ に依存する電流値 $I_M(v_{GS})$ で飽和し，その値以上の電流が流せない．さらに，$v_{GS} < V_T$ においても $v–i$ 特性は $v_{GS}$ に依存した傾きをもって電流が流れるので，適切に $v_{GS}$ を与える必要がある[‡]．さらに，電流の向きも正である必要があり，逆方向には流れない[§]．

図 12.4 (a) の電圧制御スイッチに対応する代表的なトランジスタとして，

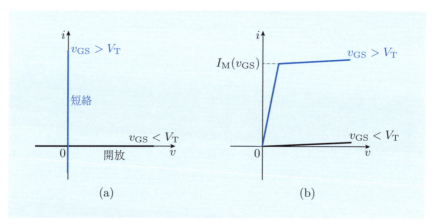

**図 12.3** 理想スイッチとトランジスタの特性．(a) 理想スイッチ，(b) トランジスタ．

---

[†] 電気的に制御するメカニカルなスイッチとしてはリレーが用いられる．
[‡] トランジスタは 3 端子の非線形素子である．回路においてはすべての端子の電位が定まっている必要があり，浮いているような端子は許されない．実際，ゲートに何もつながらない状態（浮いている状態）にすると $v_{GS}$ が定まらず，確率的な動作が発生する．そのような動作を避けるために高抵抗を通した**プルアップ**（電源への接続）や**プルダウン**（グラウンドへの接続）を用意し，ゲート電圧が常に定まる状態にすることが必要となる．
[§] 双方向に流すスイッチを実現するためには n チャネル MOS トランジスタと p チャネル MOS トランジスタを組み合わせるなど，工夫が必要になる．

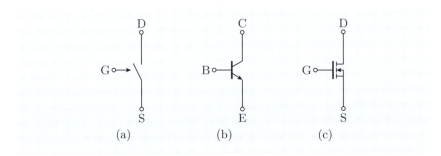

図 12.4 (a) 電圧制御スイッチ，(b) npn バイポーラトランジスタ，(c) n チャネル MOS トランジスタ

(b) の npn バイポーラトランジスタ[†] と (c) の n チャネル MOS トランジスタがある[‡][§]．npn バイポーラトランジスタの場合は，$v_{BE}$ に電圧をかけるが，閾値 $V_T$ としては pn 接合のダイオード構造なので 0.6 V 程度になり，スイッチとして使う場合は，閾値から十分離れた電圧をかける必要がある．n チャネル MOS トランジスタの場合はさらに動作電圧の幅が広いので，データシートを用いた確認が必要である．

---

[†]3 つの端子はベース (B)，エミッタ (E)，コレクタ (C) と呼ばれる．半導体の pn 接合と，非常に薄いベース領域によりスイッチを実現している．
[‡]3 つの端子はゲート (G)，ソース (S)，ドレイン (D) と呼ばれる．ゲートに電圧をかけることで，電荷が引き付けられ，スイッチの ON 状態が作られる．
[§]他にも，pnp バイポーラトランジスタや p チャネル MOS トランジスタなど，数多くのタイプがある．

## 12.4 回路シミュレータ

スイッチが ON/OFF を繰り返す場合や，ダイオードやトランジスタなどの非線形の素子を含む回路において，回路素子の値やスイッチのタイミングなどのパラメータを決めるためには，計算機によって回路の動作を再現する回路シミュレータの役割が大きい．歴史的には米国で開発された **SPICE**(Simulation Program with Integrated Circuit Emphasis) から派生した**回路シミュレータ**が多数開発されている[†]．これらのシミュレータは，回路を微分方程式を用いて表現し，その微分方程式をディジタルの数値計算として近似的に解いている[‡]．

回路シミュレータの使い方として，比較的理想的な素子で正しい動作を検証する場合と，現実に近い回路素子のモデルを用いて現実に近い動作を確認する場合がある．例えば，スイッチに関して，図 12.5 に電圧制御スイッチの理想モデルを示す．一方で，ダイオードやトランジスタなどの半導体を用いた素子の特性は，動作させる周波数によっても大きく異なる．実際に使う素子の SPICE モデルが提供されている場合は，それを用いた正確な解析ができる．ただし，提供されている SPICE モデルは限られているので，典型的な振舞をシミュレータで確認した後は，個々の素子を実験で確認しながら進めていくことも必要になる．

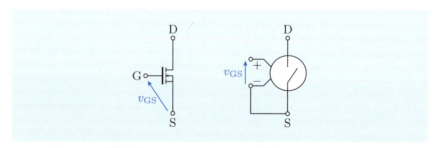

図 12.5　回路シミュレータにおける電圧制御スイッチによる理想モデル

---

[†] **LTspice** など無償で使えるものもある．
[‡] 正しい値を得るためにはモデルの正しさだけでなく，シミュレーション条件なども適切に設定する必要がある．

## 12.5 DC–DC コンバータの過渡解析

第 6 章では直流の電圧を昇圧する **DC–DC コンバータ**の例として，図 6.6 の回路を紹介した．この回路は，非常に高速にスイッチを ON/OFF と繰り返すことで，その電圧を制御することを可能にしている[†]．ここでは，DC–DC コンバータを設計する立場で図 6.6 の回路素子の値を決めていく．まず，乾電池を想定して，$E = 1.5\,\mathrm{V}$ とし，それを電圧 $v_0$ に昇圧することを考える．例えば，$3\,\mathrm{V}$ にするためには，式 (6.21) より，式 (6.18) で定義される**デューティ比**を $D = 0.5$ と定めることになる．負荷の抵抗 $R$ を $100\,\Omega$ として設計を考えよう．

式 (6.14), (6.15), (6.16), (6.17) からは，分母にあるインダクタンス $L$ やキャパシタンス $C$ が大きい方が電圧や電流の変動を抑えられるが，大きい値を実現するには大きな部品を採用する必要がある．ここでは比較的小さい部品で実現できる $L = 10\,\mathrm{mH}$, $C = 10\,\mu\mathrm{F}$ のものを用いるとする．あとはスイッチの周期 $T$ であるが，これはキャパシタの放電の時定数 $CR = 1\,\mathrm{ms}$ よりは十分小さいものとして，$0.1\,\mathrm{ms}$ とする．これらを SPICE シミュレータの回路にすると図 12.6 のようになる．

ただし，スイッチは理想的な電圧制御スイッチを用いており，スイッチの閾

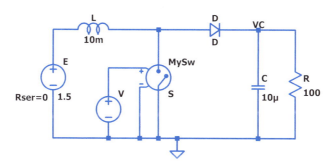

図 12.6　DC–DC コンバータの SPICE 回路

---

[†]このように時間によって回路が変化するシステムを**時変システム**と呼ぶ．

値 $V_T = 0.5\,\mathrm{V}$ としてある．電圧制御スイッチ S を動作させるための電源 V は 1 V の矩形波とし，周期 0.1 ms でオンの時間が 0.05 ms としてデューティ比 $D = 0.5$ と設定している．インダクタ L の電流の初期値 0 A，キャパシタ C の電圧 VC の初期値 0 V と設定して，10 ms まで回路シミュレータで**過渡解析**を行うと，**図 12.7** になる．

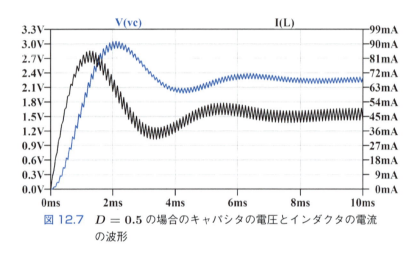

**図 12.7** $D = 0.5$ の場合のキャパシタの電圧とインダクタの電流の波形

電圧も電流もリップルが見られるのは，スイッチの ON/OFF によって 2 状態を繰り返しているためである（**図 6.9** に相当）．したがって，これが 0.1 ms 周期に相当する．デューティ比 $D = 0.5$ の場合のキャパシタ電圧の理論値は 3 V であるが，ダイオード D による電圧降下のため，実際の出力電圧は 2.3 V 程度になっている．ここで，スイッチ S の ON の時間を変更し，デューティ比 $D = 0.75$ に変化させるだけで，**図 12.8** が得られる．電圧が理論値で 6 V であるが，ダイオード D による電圧降下の影響もあり，5 V 程度出力されている．また，定常状態に移行するまでの変化も $D = 0.5$ の場合とは大きく異なる．このように，ON の時間を変えるだけで電圧を変化させられるのが DC–DC コンバータの魅力である[†]．

次に負荷を 10 Ω にして，大きな電流を供給する場合を考える．この場合，$CR$

---

[†]このようにデューティ比 $D$ を周期 $T$ に比較してゆっくりと変化させ，$D(t)$ とすれば時間変化する電圧波形を作り出すことができる．このような手法は**パルス幅変調**（**PWM**）（Pulse Width Modulation）と呼ばれる．

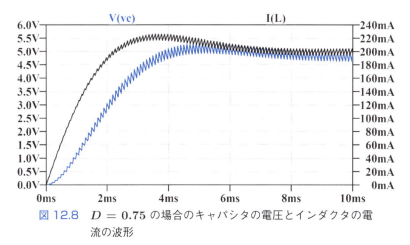

**図 12.8** $D = 0.75$ の場合のキャパシタの電圧とインダクタの電流の波形

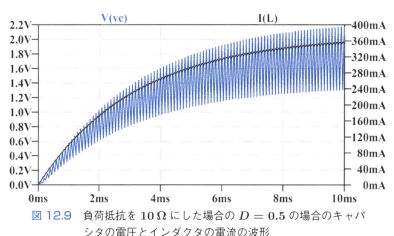

**図 12.9** 負荷抵抗を $10\,\Omega$ にした場合の $D = 0.5$ の場合のキャパシタの電圧とインダクタの電流の波形

の時定数が $0.1\,\mathrm{ms}$ になり，電圧が大きく変動することが予想される．実際に回路シミュレーションを行うと，図 12.9 のようにリップルが大きくなる．また，$D = 0.5$ であるが，出力電圧の平均値は図 12.7 よりも小さな値になっている．このように回路シミュレーションを用いることで，実際の回路を組む前に多くの検討が可能になる．

## 第 12 章　回路の設計

■ **例題 12.2（電圧リップルの設計）** ■

　図 12.7 と比較して図 12.9 は電圧の変動が大きい．このような場合，どのように回路を変更すれば図 12.7 の程度に電圧変動を小さくできるか．具体的な値も含めて答えよ．

**【解答】**　負荷抵抗が $R = 10\,\Omega$ なので $CR$ の時定数が $0.1\,\mathrm{ms}$ になっており，これと PWM の周期が等しい．つまり，PWM の周期が時定数に比べて十分小さいという条件が満たされていないため，大きな電圧変動が見られる．一方，図 12.7 の場合は，PWM の周期が時定数の $\frac{1}{10}$ である．したがって，デューティ比 $D = 0.5$ のまま PWM の周期を $\frac{1}{10}$ にして $0.01\,\mathrm{ms}$ にするか，キャパシタの容量を $C = 100\,\mu\mathrm{F}$ と 10 倍に変更して時定数を大きくすれば，電圧変動は小さくできる．■

　このように，回路シミュレーションの結果と，時定数などの理論的検討を組み合わせることで，パラメータを変化させたときの振舞が予測でき，回路設計を見通し良く進めることができる．

● **ディジタルとアナログのハイブリッド** ●

　電圧や電流は連続的なアナログ量であるが，スイッチは ON/OFF のような形でディジタル的に制御される．現在ではマイコンなどのディジタル回路を用いることで制御の自由度が広がり，DC–DC コンバータのようにスイッチを用いてディジタル的にアナログ量を制御するような仕組みがよく用いられる．A/D 変換や D/A 変換も含めて，ハードウェアとしてのアナログ回路とソフトウェアとしてのディジタル回路のハイブリッド構造が機能の幅を大幅に広げている．

## 12.6 結合共振回路の AC 解析

第9章で扱った結合共振回路を用いたワイヤレスエネルギー伝送の回路では，コイル間の結合係数 $k$ と共振器の $Q$ 値の積である，$kQ$ が重要なパラメータとなり，結合係数 $k$ が小さくても $Q$ 値を大きくすることでエネルギー伝送が可能になることを示した．ここでは回路シミュレータの **AC 解析** を行うことで，その伝達特性を考える．

図 12.10 は，結合共振回路の回路図である．ここでは，$L_1 = L_2 = 1\,\mathrm{mH}$，$C_1 = C_2 = 0.1\,\mu\mathrm{F}$ とし，共振角周波数 $\omega_0$ が $\omega_0 = \frac{1}{\sqrt{L_1 C_1}} = \frac{1}{\sqrt{L_2 C_2}} = 10^5\,\mathrm{rad/s}$ となるように設定した．このとき，$\sqrt{\frac{L_1}{C_1}} = \sqrt{\frac{L_2}{C_2}} = 100\,\Omega$ なので，$R_1 = R_2 = 10\,\Omega$ とした場合 $Q$ 値はともに 10 となる．まず，$kQ = 1$，すなわち $k = 0.1$ の場合を考える．$k$ は 0.1 と小さいが，その分 $Q = 10$ によってインダクタの電圧を電圧源の電圧の 10 倍大きくしていると考えれば良い．

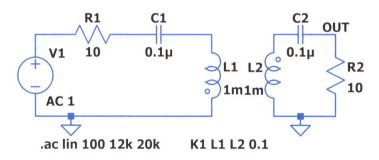

図 12.10　結合共振回路の SPICE 回路

SPICE の AC 解析[†] を行うと図 12.11 のようになる．縦軸はデシベル表示（12.1 節末のコラム参照）になっている．

$\omega_0 = 10^5$ なので，共振周波数 $f \simeq 16\,\mathrm{kHz}$ である．この付近では $-6\,\mathrm{dB}$ 程度であるが，これは $\frac{1}{2}$ なので，$R_1$ を電源の内部抵抗と考えると最大電力伝送となっている．結合係数が 0.1 でもこれが実現できるのは共振を利用している

---

[†] AC 解析は入力の交流電源の電圧の設定によらず直流動作点に小信号が加わるものとして解析を行う．したがって非線形の素子を含む場合は，その線形近似になるので注意が必要である．また，前節のようなスイッチを含む回路（時変システム）では AC 解析はできない．

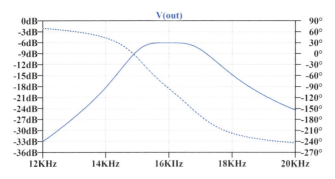

図 12.11 結合共振回路の周波数特性（$Q = 10$, $k = 0.1$ の場合. 実線は大きさ，点線は偏角.）

ためである．

次に，回路素子は変えずに結合係数が $k = 0.2$ の場合と，$k = 0.05$ の場合を図 12.12 に示す．結合係数を大きくすると，$k = 0.2$ の場合のように双峰性の特性になるのが特徴である[†]．そのために，16 kHz 付近では伝達する電圧が小さくなり，式 (9.12) は

$$kQ = 1$$

においてピークをもつ特性になっている．したがってこの場合は，周波数を変化させれば $-6$ dB を実現することは可能である．一方 $k = 0.05$ の場合は，16 kHz 付近に唯一のピークをもつが，$-6$ dB に満たない．これは $kQ$ の値が 1 より小さくなった場合の特徴であり，$kQ$ を大きくすることが重要になることがわかる．

この章で扱ったトランジスタの仕組みを学ぶには半導体などの物性のデバイスについて学ぶ必要があり，「電子デバイス」などは参考になる．また，これらの現象は量子力学によって記述される．詳しくは「電気電子材料」などで学ぶことができる．センサなどの計測システムについては「電気電子計測」を学ぶと良い．さらに，昇圧回路などを学びたい場合は「パワーエレクトロニクス」を学ぶことで，ワイヤレスエネルギー伝送も含めたエネルギーを扱う分野が開けている．また設計には最適化問題を解く必要がある場合が多い．最適化問題は人工知能などの分野にも開けている．現在も SiC や GaN などのトランジスタ

---

[†] 共振角周波数 $\omega_0$ の 2 個の共振器を結合させると，結合系の共振角周波数はその前後に分かれる．

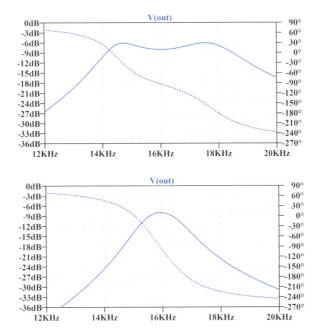

**図 12.12** 結合係数による周波数特性の差異．上は $k=0.2$，下は $k=0.05$ の場合．実線は大きさ，点線は偏角を表す．

が広まりつつあるが，電磁波や光などの波，スピンの自由度，超伝導などの量子現象や分子エレクトロニクスなども含めて様々な物理現象を用いることにより，高機能なスイッチデバイスが登場することが期待されている．

## 12章の演習問題

- **12.1** ダイオードについて，SPICE モデルを用いて図 12.1 の特性を描け．
- **12.2** バイポーラトランジスタと n チャネル MOS トランジスタの SPICE モデルを用いて $v_{GS} < V_T$ と $v_{GS} > V_T$ の場合について，図 12.3 (b) の電圧 $v$ を変化させ，電流 $i$ を観察することにより実際の特性を確認せよ．ただし，バイポーラトランジスタでは $v_{GS}$ はベース（B）とエミッタ（E）の間の電圧である．
- **12.3** バイポーラトランジスタと n チャネル MOS トランジスタの SPICE モデルを用いて，図 12.3 (b) のスイッチに流せる電流のゲート電圧依存性電流 $I_M(v_{GS})$ を電圧 $v_{GS}$ を変化させて確認せよ．

□ **12.4** $I_M(v_{GS})$ の特性を利用すると，図 12.13 のような回路でトランジスタにより，$v_1$ の変化 $\Delta v_1$ と $v_2$ の変化 $\Delta v_2$ に対して $|\Delta v_1| < |\Delta v_2|$ とできる．その仕組みを考えてみよ．

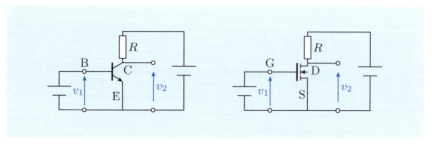

図 12.13　トランジスタによる増幅回路

□ **12.5** 回路シミュレーションにより昇圧回路の動作を考察せよ．
□ **12.6** 実際に昇圧回路を作成し，各部分の電圧を SPICE による回路シミュレーションの結果と比較せよ．
□ **12.7** 図 12.14 のような回路は DC–DC コンバータの中でも電圧を下げる**降圧コンバータ**である．回路シミュレーションを実行し，その仕組みを考えよ．

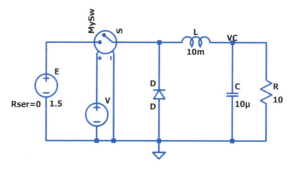

図 12.14　降圧コンバータ

□ **12.8** 結合共振器の過渡現象を回路シミュレーションによって求め，定常現象との関係を考察せよ．
□ **12.9** 結合共振回路を作って，$kQ$ の値による特性の変化を観察してみよ．

# 第13章

# 増　　幅

　本章では，実際の機能を実現するときに必要な増幅やインピーダンス変換の概念について学ぶ．また，それらを実現する素子としてオペアンプを導入し，オペアンプによるインピーダンス変換，増幅や演算回路を紹介する．本章で扱う回路はエネルギーを供給する機能をもつため，複数の電源を扱う点についても言及する．

## 13.1　増幅とは

　実際の回路で信号を扱う場合，センサなどから得られる信号はエネルギーとして微弱な場合が多い[†]．一方で，モータやスピーカなどに信号を与えて，実際に動作させるためには，十分なエネルギーを与える必要がある．また，第9章で扱ったフィルタなどの回路においても，入力に対して抵抗などの素子を経て出力されるため，出力を用いて何かを動作させるためには，出力段でエネルギーを供給する必要がある．他にも，ディジタル回路の出力端子が出力できる電流は一般にあまり大きくなく，吸い込める電流はさらに少ない場合が多い．このように，電圧や電流で与えられる信号に対して適切にエネルギーを供給することにより，より大きなエネルギーの信号にすることを増幅と呼ぶ．

　増幅を回路として考えるとき，エネルギーを与える要素が必要になる．そこで，前章の制御スイッチの拡張として，制御電源という考え方を行う．つまり，入力された信号電圧の何倍かの信号電圧を出力する電圧源を用意してエネルギーを供給する．そのような回路を実現する素子としても，前章で扱ったトランジスタが用いられる．ここでは，実際に回路を実現する場合に有用な，数十のト

---

[†]微弱ではあるがこのエネルギーを利用してセンサを動かすような試みもあり，エネルギー収穫と呼ばれる．

158　　　　　　　　　　第 13 章　増　　幅

ランジスタから構成される**オペアンプ**（operational amplifier）を用いて増幅
を実現する方法を紹介する．

　オペアンプを用いて回路にエネルギーを供給するためには，通常の信号源と
しての電源に加えてオペアンプを動作させるための電圧源が必要になり，回路
上に複数の電源が登場する．電源が 1 個の場合は電源の − 端子を基準として電
位を考える場合が多いが，複数の電源がある場合にはどこが**基準電位**（グラウ
ンド）かを常に意識しながら回路を構成する必要が生じる[†]．

---

### ● センサとデータ科学 ●

　精度のよい大規模データは科学や技術において重要な役割をはたしている．古
くは 16 世紀のティコ ブラーエによる膨大な観測データがケプラーの法則，ニュー
トン力学へと導いた．最近では電磁波（GHz 帯）を受信できる世界中の電波望遠
鏡を同期させて得られた膨大なデータに対して，AI も含めた解析により，ブラッ
クホールの事象の地平線が観測された．センサから得られる微弱な電気信号から
データを取り出すために増幅は不可欠であると同時に，このような膨大なデータ
から科学的知見を引き出すアプローチであるデータ科学も生み出したと言える．

　社会の中でも膨大な数のセンサにより，身のまわりの環境や生体に関するデー
タが，GPS により位置の情報も伴って同期した時系列として得られるため，デー
タ科学が活躍している．センサの出力は増幅されることによりディジタル化され，
これらのデータを AI が学習することで，医療，農業，漁業，製造業など，社会の
仕組みも大きく変わろうとしている．重力による微小な時空のゆがみも GPS に
影響を与えるため，アインシュタインの一般相対論は登場から 1 世紀を経て，現
在ではわれわれの生活に不可欠な理論になっている．

---

[†]回路において基準電位は 1 個であるが，複数の回路が接続された場合，互いの基準電位が明示的に
接続されない場合も多く，複数の基準電位間の絶縁や接続関係も考える必要がある．

## 13.2 インピーダンス変換

　LEDが電気エネルギーを光エネルギーに変換する装置であるのに対して，光エネルギーを電気エネルギーに変え，その信号を情報として利用する**フォトダイオード**や**フォトトランジスタ**は光センサと呼ばれる．同様に，空気の振動を電気信号に変えるマイクは音センサである．他にも，圧力，加速度，温度，湿度，ガスなどを感知する数多くのセンサが身のまわりで使われている．

　センサの多くは，物理現象を電気信号に変換する段階で電源も必要とし，例えばフォトトランジスタで光をセンシングする回路は**図 13.1 (a)** のようになる．光が当たらない場合は，フォトトランジスタには電流が流れず，

$$V_\mathrm{o} = 0$$

である．光が当たるとフォトトランジスタで電流が発生し，それが $100\,\mathrm{k\Omega}$ の抵抗を流れることにより，出力 $V_\mathrm{o}$ として $3\,\mathrm{V}$ 程度の電圧が発生する[†]．このような回路は，第3章で扱ったテブナンの等価電源として書くと，**図 13.1 (b)** のようになる．電源電圧 $E$ は光によって変化するものの，回路としては電圧源 $E$ と内部抵抗 $r$ として記述することができる．

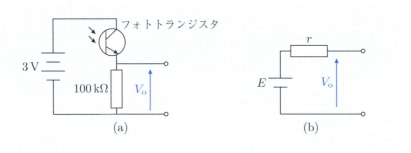

図 13.1　センサ（フォトトランジスタ）とそのテブナン等価回路

　次に，**図 13.2 (a)** のように，このセンサに LED をつなげてみる．センサの開放電圧 $V_\mathrm{o}$ が $3\,\mathrm{V}$ 程度あるとすると，このセンサに LED をつなげると光るように思うかもしれないが，実際には光らず，LED を接続すると電圧は $1.6\,\mathrm{V}$ 程

---

[†]抵抗値を変えれば電圧が変えられる．

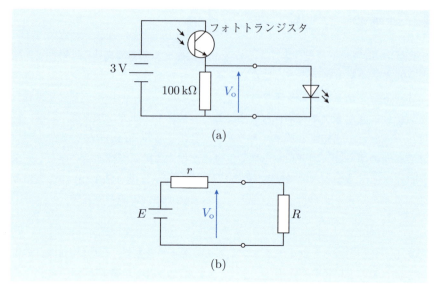

図 13.2　負荷として LED をつなげたセンサとそのテブナン等価回路

度に下がってしまう．これを単純なモデルとして図 13.2 (b) のようなテブナンの等価電源と抵抗負荷で考える．この回路の出力は

$$V_o = \frac{R}{r+R} E \tag{13.1}$$

であるが，負荷 $R$ に対して内部抵抗 $r$ が大きい場合は $V_o$ は小さな値になる．このように，多くのセンサは内部インピーダンスが大きい電源のように見えるため，直接つなぐだけでは負荷を駆動することができない．

このような問題に対しては，図 13.3 のように電源と負荷の間に**電圧制御電圧源**を挿入することにより解決できる．電圧制御電圧源とは，入力電圧 $V_1$ に対して，電圧を $A_o$ 倍にした

$$V_2 = A_o V_1$$

を出力できる電圧源である．また，理想的には入力電流 $I_1 = 0$ である一方，出力電流 $I_2$ は出力インピーダンス $Z_o$ と負荷 $R$ により決まる．

このような 2 ポートの回路は，センサ側（左側の電圧源）からすると負荷抵抗

## 13.2 インピーダンス変換

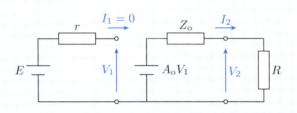

図 13.3 電圧制御電圧源

$R$ が $\infty$ になったように見える. 2 ポートの電圧制御電圧源としては,入力ポートのインピーダンスであるため,これを**入力インピーダンス**（input impedance）が $\infty$ という. 一方,負荷 $R$ からすると,電源側のインピーダンスが $r$ から $Z_\mathrm{o}$ になったように見える. このように電圧制御電圧源は電圧を $A_\mathrm{o}$ 倍にしているだけでなく,インピーダンスを変換する回路となっている. このインピーダンス $Z_\mathrm{o}$ は電源としては内部インピーダンスであるが,電圧制御電圧源の出力ポートのインピーダンスでもあるため,**出力インピーダンス**（output impedance）と呼ばれる. 2 ポート回路において大きい入力インピーダンスで受けて,小さい出力インピーダンスで出す,というようなポート間のインピーダンスを調整する機能は**インピーダンス変換**と呼ばれ,電圧制御電圧源の重要な機能である.

## 13.3 オペアンプ

電圧制御電圧源を作るための素子として**オペアンプ**が利用される．オペアンプは図 13.4 (a) のように表現される 2 つの信号入力端子（＋,－）と，1 個の出力端子に加えて，エネルギーを供給する 2 つの端子（$+V_{CC}, -V_{CC}$）をもつ[†]．入出力電圧については

$$V_2 = A_\mathrm{o} V_1 \tag{13.2}$$

の関係があり，理想的には入力電流 $I_1 = 0$ である．つまり，入力差動電圧を $A_\mathrm{o}$ 倍にしたものを基準電位との電位差として出力し，入力インピーダンスは $\infty$ という素子である．したがって，電圧制御電圧源としては図 13.4 (b) のようにも書ける．入力ポートは電流が流れないので，$V_1$ を計測するだけの回路である．オペアンプのように入力されるエネルギーよりも大きなエネルギーを出力できる素子を**能動素子**（active element）と呼ぶ[‡]．

オペアンプの $A_\mathrm{o}$ は非常に大きいが[§]，これを図 13.3 のように使うわけでは

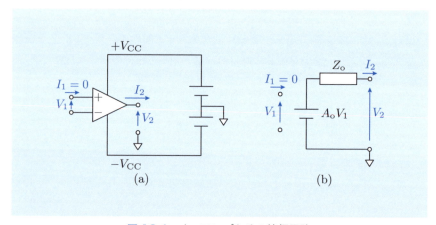

**図 13.4** オペアンプとその等価回路

---

[†] 図中の ▽ は**基準電位**を表し，基準電位間は導体で接続されているものとする．オペアンプ素子の電源入力端子は $\pm V_{CC}$ の 2 端子しか無いが，エネルギーを供給する直流電圧源は基準電位からの電圧として供給しなければならない．
[‡] 逆に，エネルギーを供給することが無い，抵抗，インダクタ，キャパシタなどの素子は**受動素子**（passive element）と呼ばれる．
[§] 10 万以上．

なく，実際には図 13.5 のように出力を入力の − 端子に接続して使用する[†]．この回路はフォロワと呼ばれ，第 9 章で使用したバッファはフォロワで実現できる．出力電圧が入力の − 端子に接続されているため，電圧の関係としては，入力 $V_1 - V_2$ が $A_\mathrm{o}$ 倍されて出力されるので，

$$V_2 = A_\mathrm{o}(V_1 - V_2) \tag{13.3}$$

となる．ここで，$1 \ll A_\mathrm{o}$ が成立するため，近似的には $V_1 = V_2$ となる．動作としては，入力電圧 $V_1$ が少し増加すると，それにより発生する微小差 $V_1 - V_2$ が $A_\mathrm{o}$ 倍されて $V_2$ が即座に追従して $V_2 = V_1$ が達成される仕組みである．このように出力を入力に戻すことにより，目標値との差を補正する考え方は，フィードバックや帰還と呼ばれ，物理量を制御するためによく使われる手法であり，次の章で詳しく扱う．フォロワの場合，出力電流 $I_2$ によらずこの電圧 $V_2 = V_1$ が出力されるため，出力インピーダンスは 0 と考えてよい[‡]．フォロワは電圧制御電圧源としては，電圧を増幅しないが，負荷に応じて電流を流すことができ，電力としては増幅できている．

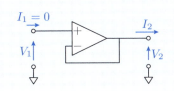

図 13.5　オペアンプを用いたフォロワ

このように，オペアンプにおいて出力が入力の − 端子にフィードバックされる場合は，オペアンプの入力の +，− 端子間の電圧は近似的に 0 になるが，短絡の場合とは異なり電流は流れない（$I_1 = 0$）．このような状態は仮想短絡（virtual short）と呼ばれる．入力 $V_1$ が与えられたものとして，出力 $V_2$ を未知数とおき，オペアンプの両入力端子が等しい電圧であることと，オペアンプ

---

[†] このようなオペアンプの機能を表現する回路では電源端子は描かれない場合が多いが，実際の回路では必要である．
[‡] 実際のオペアンプでは出力できる電流には上限があり，一般に吸い込める電流（− 電流の出力）は少ない．

の両入力に流れ込む電流が0であることを連立させると，$V_2$ が求められる．仮想短絡という概念は，オペアンプの動作を考えるときに入力端子の電圧と電流が決まるためにとても便利な考え方である．しかし，これを使用する際には −端子にフィードバックされ，オペアンプに十分な電圧が供給されるなどの条件がそろった場合に式 (13.3) が適用できるという前提を忘れないようにする必要がある．

図 13.1 の回路も，次の図 13.6 のようにオペアンプを利用すれば，LED を光らせることができる[†]．この場合，センサの出力電圧がそのまま出力されるが，LED に電流が流れすぎないように 100 Ω の抵抗が挿入されている．

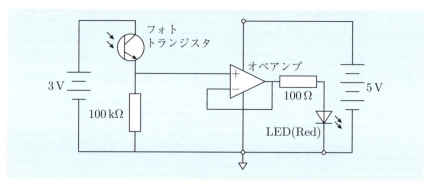

図 13.6　フォロワを用いたインピーダンス変換

---

[†] この回路ではオペアンプの − 電源端子が基準電位に結ばれているが，負の電圧を出力しないため，特別にこのような構成ができる．

## 13.4 増幅回路

前節のフォロワではオペアンプの出力電圧は入力電圧に等しかった．電圧を大きくして出力する場合，図 13.7 のような出力電圧を抵抗 $R_1, R_2$ で分圧したものをオペアンプの − 端子に接続すれば良い．この場合も仮想短絡に注意すると，

$$V_1 = \frac{R_1}{R_1 + R_2} V_2 \tag{13.4}$$

が成立するため，

$$V_2 = \left(1 + \frac{R_2}{R_1}\right) V_1 \tag{13.5}$$

となり，電圧が

$$1 + \frac{R_2}{R_1}$$

倍されることがわかる．このような増幅を**非反転増幅**と呼ぶ．

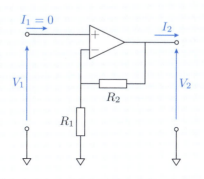

図 13.7　非反転増幅

### ■ 例題 13.1（反転増幅器）

図 13.8 の回路は，反転増幅器と呼ばれるものである．この回路の電圧増幅率 $\frac{V_2}{V_1}$ を求めよ．

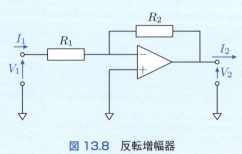

**図 13.8** 反転増幅器

【解答】 仮想短絡の考え方により，−端子の電圧は 0 V であることから，

$$I_1 = \frac{V_1}{R_1} \tag{13.6}$$

である．オペアンプの入力インピーダンスを ∞ とすると，この電流はそのまま $R_2$ に流れるため，

$$V_2 = -R_2 I_1$$
$$= -\frac{R_2}{R_1} V_1 \tag{13.7}$$

つまり，電圧増幅率は

$$\frac{V_2}{V_1} = -\frac{R_2}{R_1}$$

となる． ■

このような回路は電圧が反転して増幅されるため，**反転増幅**と呼ばれる．

## 13.5 オペアンプの電源

オペアンプは図 13.4 (a) に示したように，エネルギーを供給するために，信号入出力に加えて電源 $+V_{\mathrm{CC}}$ と $-V_{\mathrm{CC}}$ を加える必要がある[†]．このとき，出力 $V_2$ は

$$-V_{\mathrm{CC}} < V_2 < V_{\mathrm{CC}} \tag{13.8}$$

の範囲でしか出力できない[‡]．したがって，非反転増幅の場合，図 13.9 のような特性をもつ回路として考える必要がある[§]．$V_1$ と $V_2$ が比例関係にある範囲では線形な回路として考えてよいが，飽和する領域まで移行すると非線形な 2 ポート回路になり，回路シミュレータなども利用しながら解析する必要がある．また，実際のオペアンプには出力できる電流の制限や，高い周波数における増幅率の低下などがあり，データシートの情報を活用する必要がある．

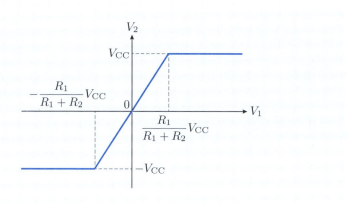

**図 13.9** 非反転増幅における電源による飽和も含むオペアンプの特性

図 13.8 の反転増幅器を用いた，図 13.10 の反転増幅回路の動作を回路シミュレーションを用いて考える．この場合，±5 V の直流電圧源によりエネ

---
[†]基準電位に対する電圧であることに注意．
[‡]実際のオペアンプでは動作範囲はさらに狭まる．
[§]飽和している領域では仮想短絡は成立しないので注意．

ギーを供給し，増幅率は3.3倍である[†]．回路シミュレータを用いてこの場合の入力電圧と出力電圧を表示させると，図 13.11 のようになり，振幅1Vの正弦波が3.3Vに増幅されていることがわかる．

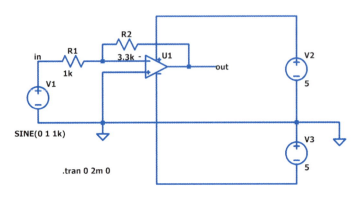

図 13.10　オペアンプによる反転増幅回路のシミュレーション回路

　一方，直流電源の電圧が3Vの場合は図 13.12 のようになる．出力が3Vまでしかできず，飽和している．また，その場合の − 入力端子を見ると図 13.13 のようになっている．出力が飽和している場合は，− 入力端子が0Vになっておらず，仮想短絡になっていない．このように，オペアンプの電源電圧は，扱う信号の電圧に応じて適切に与える必要がある．

---

[†] 3.3倍を実現するためには，$R_1 = 1\,\Omega$，$R_2 = 3.3\,\Omega$ でも良さそうだが，抵抗が小さいと大きな電流を流す必要があり，オペアンプの出力可能な電流を超えるため実際はうまく動作しない．

13.5 オペアンプの電源

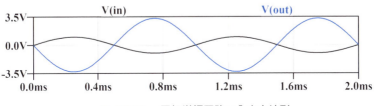

図 13.11　反転増幅回路の入出力波形

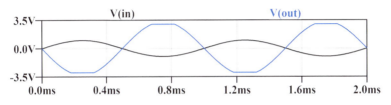

図 13.12　供給電圧が不足し，出力が飽和している場合の反転増幅回路の入出力波形

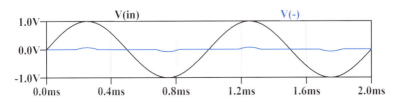

図 13.13　反転増幅回路において供給電圧が不足した場合の仮想短絡が成立していない $V(-)$ の波形

## 13.6 アナログ演算回路

これまで，オペアンプを，電圧を定数倍する回路として見てきたが，四則演算のような2項演算も実現できる．第2章ではディジタルの演算を行ったが，ここではアナログの加算を考える．例えば，図 13.14 のような回路では，仮想短絡を利用すると，入力 $V_1, V_1'$ に対して出力

$$V_2 = -(V_1 + V_1')$$

を出力する回路であり，アナログ量としての加算（と符号反転）が行われていることがわかる．

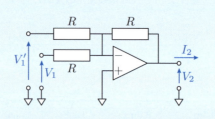

図 13.14　アナログ加算回路

### 例題 13.2（積分回路）

図 13.15 の回路は，積分回路と呼ばれる．この回路の入出力関係を求めよ．

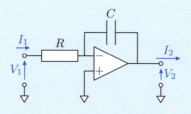

図 13.15　アナログ積分回路

## 13.6　アナログ演算回路　　　　　171

【解答】　仮想短絡を利用して，入力電流 $I_1$ は

$$I_1 = \frac{V_1}{R} \tag{13.9}$$

で与えられる．オペアンプの入力インピーダンスは大きいので，この電流がそのままキャパシタに流れ，

$$V_2(t) = V_2(0) - \frac{1}{CR} \int_0^t V_1 \, dt \tag{13.10}$$

となる．これは入力電圧が積分されて出力されていることを示している．　　■

　この章では増幅という概念を学んだ．このような概念はあまり身近には思わないかもしれないが，機能を生み出すためには必須の概念である．また，その実現方法としてオペアンプを使うことによりインピーダンス変換や増幅が可能になることも学んだ．仮想短絡などの概念を理解すれば，様々な機能を実現する回路の設計が可能になる†．下記演習問題で理解を確認してほしい．

---

†この分野に興味をもった場合は「アナログ電子回路」を学ぶことでマイクロエレクトロニクスへの分野が開ける．ニューラルネットワークなども，アナログ回路として実現することで，脳のような低消費電力の情報処理ができる可能性があり，新しい情報処理回路の実現が期待されている．

## 13章の演習問題

□ **13.1** 図 13.16 について，出力電圧 $V_2$ を入力電圧 $V_1, V_1'$ を用いて表せ．

□ **13.2** 図 13.17 の差動増幅回路について，出力電圧 $V_2$ を入力電圧 $V_1, V_1'$ を用いて表せ†．

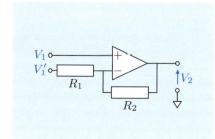

図 13.16　オペアンプを含む回路

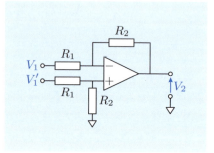

図 13.17　差動増幅回路

□ **13.3** 図 13.18 の微分回路について，出力電圧 $V_2$ を入力電圧 $V_1$ を用いて表せ．

□ **13.4** 図 13.19 は負の抵抗（**負性抵抗**）を作る回路である．図の $V$ と $I$ の関係を求めよ．

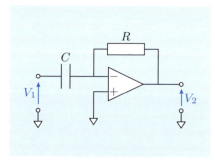

図 13.18　微分回路

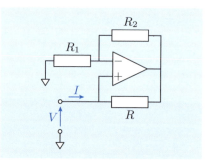

図 13.19　負性抵抗回路

---

† 差動増幅回路であり，減算回路ともみることができる．

## 13章の演習問題

□ **13.5** 図 13.20 の回路において破線で囲まれたオペアンプ増幅回路が存在する場合と，存在しない場合（$V_1$ と $V_2$ のポートを直結した場合）を比較し，増幅回路の意味を考えよ．

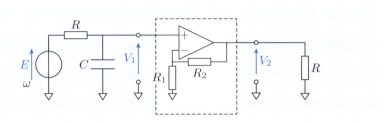

図 13.20 フィルタの出力を増幅する回路

□ **13.6** 図 13.20 の回路に対して SPICE の過渡解析と AC 解析により，増幅回路の役割を確認せよ．

□ **13.7** 図 13.20 の回路を実際に作成し，周波数による出力の違いを観察せよ[†]．

□ **13.8** $1+2=3$ を計算するアナログ加算器を設計せよ．

□ **13.9** アナログ加算器を利用して **D/A 変換器**を構成せよ．

□ **13.10** 図 13.21 のように，オペアンプをフィードバックなしに使うと入力電圧 $V_{in}$ と参照電圧 $V_{ref}$ との**比較器（コンパレータ）**になる．多数の基準電圧とコンパレータを用意すると，アナログ量をディジタル値に変換する **A/D 変換器**が実現できる．2 ビットの A/D 変換器を構成せよ．

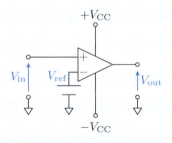

図 13.21 比較器（コンパレータ）

□ **13.11** センサは物理現象を電磁気現象に変換する装置である．様々な物理現象についてセンサの構成を考えてみよ．

□ **13.12** 自然界の物理現象を用いて演算を行う方法を考えてみよ．

---
[†] 自動的に伝達関数を測定する機能を利用しても良い．

# 第14章

# フィードバック

　フィードバックとは，入出力をもつシステムにおいて，出力の情報を入力に戻すという情報の流れであり，多くの機能を実現するために用いられている．この章では，前章で導入したフィードバックについて，システムの安定性も含めた形で議論を行う．出力を入力に戻すフィードバックには，前章で扱った負帰還に加えて正帰還があることを学んだあと，正帰還を利用すると，直流電源しかもたない回路においても振動現象が発生する発振が見られることを学ぶ．

## 14.1　フィードバックとは

　一旦出力されたものを入力に戻すことを**フィードバック**（feedback）または**帰還**という．このような情報の流れは，出力の物理量を測定して，入力を変化させる目的で，生物も含めた多くのシステムの制御に利用されている．実際，前章で扱ったオペアンプの回路においても，出力電圧を入力の − 端子に戻す形で入力にうまく追従した出力を実現していた．

　改めてフィードバックを考えると，フィードバックは大きく分けて2つのタイプに分けられる．**ポジティブフィードバック**（正帰還）と**ネガティブフィードバック**（負帰還）である．前章で扱ったフィードバックはオペアンプの − 端子にフィードバックしており，ネガティブフィードバックになっている．ネガティブフィードバックは，出力の誤差を減らすような場合に多く用いられる．この章では ＋ 端子にフィードバックした場合も含めて考える[†]．

　第9章で扱ったような，受動的な線形素子からなる回路の現象は定数係数の線形常微分方程式で表現されるため，入力された周波数と等しい周波数が出力され，伝達関数という概念を用いて議論できた．一方，オペアンプのようなエ

---

[†]出力を入力に戻すことは自己言及のような再帰性とも関係する．

ネルギーを供給できる能動素子を含む回路においては，フィードバックによりそれらの現象が不安定化し，入力とは全く異なる現象も出現する．このような現象は**発振**（oscillation）とも呼ばれ，ディジタル回路のクロック，電磁波の放射，レーザなど多くの回路において利用されている．この章では正帰還を利用した発振回路を考える．

● カオス ●

電気回路における現象は定数係数の常微分方程式で記述できるため，初期値がわかればその後の現象は予測できるようにも思う．しかし，このようなシステムにおいても，非線形素子の存在により**カオス**と呼ばれる確率的な現象が発生することが知られている．例えば，左下図の回路は，単純な発振回路であるが，ダイオードの非線形性により複雑な振動が現れる．右下図は実験により得られた $V_1$–$V_2$ 平面の軌跡であるが，複雑な現象の様子が見える[†]．

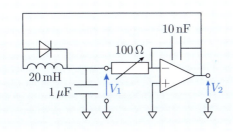
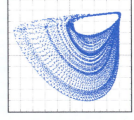

[†] 連続波形を A/D 変換によりサンプリングしているため，軌跡は点で描かれている．

## 14.2 正帰還と負帰還

第13章の図13.8の反転増幅回路において，オペアンプの±端子を入れ替えると図14.1になる．この2つの回路の動作を比較してみよう．まず，図13.8の反転増幅回路（負帰還）の特性は図14.2 (a) のようになる．出力電圧 $V_2$ がオペアンプの電源電圧 $\pm E$ に到達するまでは，比例関係

$$V_2 = -\frac{R_2}{R_1} V_1 \tag{14.1}$$

を満たしている．

図14.1の回路においても，この関係が満たされている状態（例えば $V_1$ を基準電位に接続し，$V_2 = 0$ の場合）にあると仮定して考える．オペアンプの +

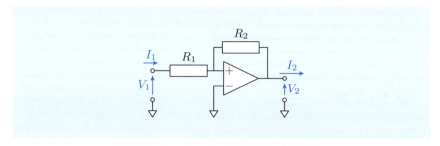

図 14.1 シュミットトリガ回路（正帰還）

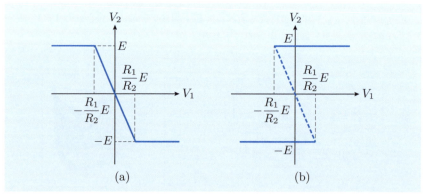

図 14.2 反転増幅回路（負帰還）とシュミットトリガ回路（正帰還）の比較

端子と − 端子が同電位であり，$I_1 = 0$, $V_2 = 0$ のこの状態は回路方程式のすべての条件を満たしている．しかし，この状態から何らかのノイズで ＋ 入力端子の電圧だけ少しでも増えると，図 14.1 の出力電圧 $V_2$ は増加し，それに伴い ＋ 入力端子の電圧はさらに増加する．その結果，出力電圧 $V_2$ は正の電源電圧 $+E$ に到達してようやく止まる．同様に，＋ 入力端子の電圧だけ式 (14.1) の状態から少しでも小さくなると，出力電圧は下がり，負の電源電圧 $-E$ に到達して止まる．このような入力の微小な差異がフィードバックで拡大される現象がポジティブフィードバックである[†]．

結果として $V_1 = 0$ に対する実際に実現可能な出力は，$V_2 = \pm E$ のみである．このように，入力電圧 $V_1 = 0$ に対して 3 個の出力 $V_2 = 0, \pm E$ の可能性が考えられるが，$V_2 = 0$ は**不安定**で，$V_2 = \pm E$ が**安定**ということになる[‡]．このような特性を図示すると図 14.2 (b) のようになる．原点を通る直線上の状態は理論上は存在するが，実際には不安定になるため，破線で描いてある．実際に安定している出力は $V_2 = \pm E$ である．このようにフィードバックを行う端子を入れ替えると，全く異なる現象が発生する．

次に，図 14.1 の回路において，$V_2 = \pm E$ の安定な状態から入力電圧 $V_1$ を変化させた場合を考える．$V_2 = E$ の状態において $V_1$ を減少させ，少しでも $V_1 < -\frac{R_1}{R_2}E$ になるとオペアンプの ＋ 入力端子の電圧が負になり，$V_2 = -E$ にジャンプする．同様に $V_2 = -E$ の状態において $V_1$ を増加させ，$V_1 > \frac{R_1}{R_2}E$ になると $V_2 = +E$ にジャンプする．結果として，$V_1 = 0$ 付近には $V_2 = \pm E$ の 2 個の安定状態が存在し，どちらの状態にいるかは，過去の履歴（2 個の安定状態のどちらにいたか）に依存する．このような特性を**ヒステリシス**と呼ぶ．ヒステリシスがある回路は，一旦ジャンプすると入力がもとに戻っただけでは状態は変化しないためノイズに強く[§]，この回路は**シュミットトリガ回路**と呼ばれる[¶]．

---

[†]ネガティブフィードバックでは，入力の差異が縮小する方向にフィードバックされる．

[‡]逆に，図 13.8 の回路では，入力端子にノイズが入っても，それが抑えられるように推移し，式 (14.1) を満たす点が唯一の安定動作点である．

[§]一旦状態遷移を起こすと，ヒステリシスのために多少のノイズ（$|V_1| < \frac{R_1}{R_2}$）では状態遷移しない．

[¶]第 13 章の演習問題で扱ったコンパレータにヒステリシスをもたせた回路がシュミットトリガ回路である．

## 14.3 発振回路

正帰還を利用すると発振現象を作ることができる．ここでは，前節で扱ったシュミットトリガ回路を利用した発振回路を考える．図 14.1 に対して，出力の影響を − 入力端子にも遅れてフィードバックする図 14.3 のような回路を考えてみよう．まず，− 入力端子の電圧が + 入力端子より小さい場合は，出力 $V_2$ は正の電源電圧 $E$ になっている．このとき，+ 入力端子の電圧は $\dfrac{R_1}{R_1 + R_2}E$ である．一方，− 入力端子側は $R_3$ を通してキャパシタが充電され，キャパシタの電圧 $V_1$ は徐々に増加する．ある時点で，

$$V_1 > \frac{R_1}{R_1 + R_2}E \tag{14.2}$$

が満たされると，出力 $V_2$ が負の電源電圧 $-E$ まで下がり，+ 入力端子の電圧は $-\dfrac{R_1}{R_1 + R_2}E$ となる．この状態でキャパシタが放電し始め，

$$V_1 < -\frac{R_1}{R_1 + R_2}E \tag{14.3}$$

になると，また反転する．この繰り返しで図 14.4 のような周期振動が発生する．このように，正帰還の回路においては，オペアンプの ± 入力端子へのフィードバックの時間差を利用することで，直流の電源を与えるだけで振動現象を発生させることができる[†]．

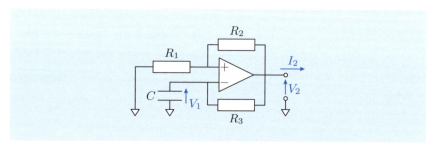

図 14.3　シュミットトリガ回路を利用した発振回路

---

[†] オペアンプの入力端子を逆にすると発振しない．

## 14.3 発振回路

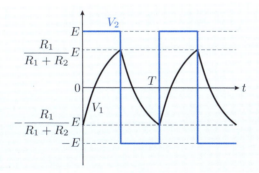

**図 14.4** シュミットトリガ回路を利用した発振回路の波形

### ■ 例題 14.1（発振回路の周期）■

図 14.4 の波形の周期 $T$ を求めよ．

**【解答】** 図 14.4 の初めのキャパシタの充電回路では，微分方程式は

$$RC\frac{dV_1}{dt} + V_1 = E$$

となる．初期値を

$$V_1(0) = -\frac{R_1}{R_1 + R_2}E$$

とすると，解は

$$V_1(t) = E - \frac{2R_1 + R_2}{R_1 + R_2}Ee^{-\frac{t}{CR_3}}$$

となる．時刻 $t_1$ において電圧が $\frac{R_1}{R_1+R_2}E$ になるとすると

$$V_1(t_1) = E - \frac{2R_1 + R_2}{R_1 + R_2}Ee^{-\frac{t_1}{CR_3}} = \frac{R_1}{R_1 + R_2}E$$

これを解いて

$$t_1 = -CR_3 \log \frac{R_2}{2R_1 + R_2}$$

発振回路の周期 $T$ はこれの 2 倍なので次のようになる．

$$T = -2CR_3 \log \frac{R_2}{2R_1 + R_2}$$

## 14.4 伝達関数に基づく考え方

前節の発振回路は，基本的に直流の正帰還に基づく考え方であった．その場合は過渡現象として発振波形が得られる．一方で，正弦波の発振をさせたい場合は，伝達関数に基づいて周波数特性をもつフィードバックを考える．例えば，図 14.5 のような周波数特性をもつ形のフィードバックにおいて電圧増幅率 $A(\omega)$ の回路の出力を $B(\omega)$ 倍して入力にフィードバックを行うものとする．

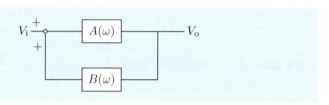

図 14.5 周波数特性に基づくフィードバックの考え方

定常状態が存在すると仮定すると，
$$V_o = A(\omega)\{V_i + B(\omega)V_o\}$$
が成立し，
$$V_o = \frac{A(\omega)}{1 - A(\omega)B(\omega)} V_i$$
となる．これは伝達関数 $\frac{A(\omega)}{1-A(\omega)B(\omega)}$ で入力と出力が結ばれていることを示しているが，14.2 節のようにこの関係が安定かどうかわからない[†]．しかし，伝達関数の分母が
$$1 - A(\omega)B(\omega) = 0 \tag{14.4}$$
を満たすときには比例係数が無限大になることから平衡点 $V_i = V_o = 0$ が不安定化することを示唆しており，条件 (14.4) を満たす角周波数 $\omega$ の付近では発振が起こる可能性がある．この関係は移項して $A(\omega)B(\omega) = 1$ とおくと，正帰還が実現する条件と見ても良い[‡]．

---

[†] 微分方程式をたてて，その特性方程式の解を求めれば安定かどうかはわかる．
[‡] これは不安定化する条件なので，実際の発振現象は飽和も含めた非線形の関係として議論する必要がある．

## 14.5 周波数特性に基づく発振回路

図 14.6 の移相型発振回路と呼ばれる回路について，発振条件を考えてみる．ここで図のように入力 $V_i$，出力 $V_o$ とし，$I_i = 0$ と近似することで，図 14.5 で考えた $A(\omega)$, $B(\omega)$ は

$$A(\omega) = -\frac{R_2}{R_1}$$

$$B(\omega) = \frac{1}{(j\omega CR)^3 + 5(j\omega CR)^2 + 6(j\omega CR) + 1}$$

と簡単に求められる[†]．

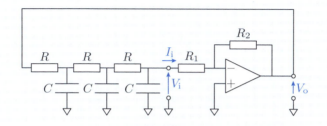

図 14.6 移相型発振回路

式 (14.4) の条件を実数部と虚数部に分けて考える．虚数部は

$$(j\omega CR)^3 + 6(j\omega CR) = 0$$

より，発振の予想される角周波数は $\omega_0 = \frac{\sqrt{6}}{CR}$ となる．また，実数部から

$$\frac{R_2}{R_1} = 29$$

となる．

この結果は，反転増幅器で位相を $\pi$ ずらし，さらに $RC$ の梯子型回路で位相が $\pi$ 回転する周波数においてちょうど位相が $2\pi$ 回転し，電圧増幅率の大きさを 29 以上にすれば大きさとしても 1 以上がフィードバックされ，正帰還が実現できることを示している．

---

[†] $A(\omega)$ と書かれているが，この場合は $\omega$ に依存しない．

## 14.6 発振器の回路シミュレーション

移相型発振器について,まずは理想的な電圧制御電圧源を用いて理論値に基づき確認する(図 14.7)[†]. この電圧制御電圧源は入力インピーダンス ∞,出力インピーダンス 0 の完全に理想的な電圧制御電圧源である.ここで,入力も出力も 0 V という状態は,実際は不安定であるが回路方程式の解にはなるため,ノイズの無い回路シミュレータでは存在してしまう.そこで,このような発振回路のシミュレーションでは何らかの初期値を与える必要がある.この場合は $V(\mathrm{in}) = 1\,\mathrm{mV}$ と設定してある.

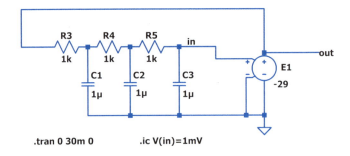

図 14.7 理想的な増幅によるシミュレーション

電圧増幅率 $A$ を $-28, -29, -30$ と変化させたときの様子を図 14.8 に示す.理論値のとおり $A = -29$ が周期振動で安定限界であることがわかる.また,このときの周期は $\omega_0 = \frac{\sqrt{6}}{CR}$ より,約 2.6 ms になる. $A = -30$ の場合,このような理想的な増幅回路では電圧は無限大に発散し,周期振動に落ち着かない.

次に,実際に周期振動を発生させるためにオペアンプを用いた増幅の場合を考える(図 14.9).この場合は,増幅回路への入力電流も発生するために,増幅率を上げる必要があり, $A = 70$ と設定されている.図 14.10 よりオペアンプが飽和するところで,周期振動が発生することがわかる.このように,原点が不安定化して発生する周期振動はオペアンプの非線形な飽和特性に基づいて

---

[†] 回路図の E1 は電圧制御電圧源の記号である.この図は電圧増幅率を $-29$ に設定した場合の図である.

## 14.6 発振器の回路シミュレーション

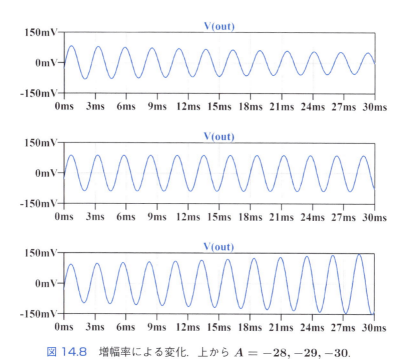

図 14.8 増幅率による変化. 上から $A = -28, -29, -30$.

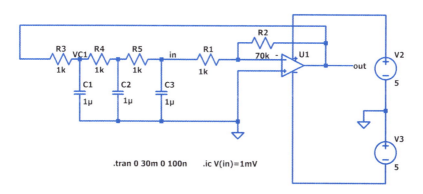

図 14.9 オペアンプ増幅回路によるシミュレーション

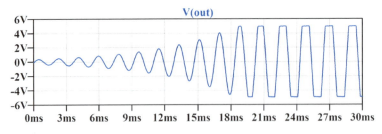

図 14.10　オペアンプ増幅回路によるシミュレーション波形

いるともいえる．

　この章では正帰還を含むフィードバックについて学んだ．フィードバックの概念はあまり身近なものと感じていないかもしれないが，生体も含めてあらゆるシステムを構成する上で不可欠の概念である．発振器は直流を与えただけで**振動現象**が発生する興味深い現象であり，心臓の鼓動の仕組みとも同じである．このように，回路における現象をベースにすると，多くのフィードバックを含むシステムの仕組みについての理解を深めることができる†．

## 14章の演習問題

□ **14.1**　図 14.11 について，図 14.2 のような入出力関係の図を求めよ．

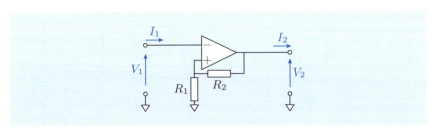

図 14.11　正帰還の回路

---

†フィードバックに関しては「制御工学」や「信号処理」でも詳しく学べる．数理的な扱いは，「力学系」の分野の他，生物システムやネットワークシステムなども含めた「サイバネティクス」などの分野が開けている．また，フィードバックの活用は，脳の認識や人工知能の設計にも重要な要素である．

## 14 章の演習問題

**14.2** 図 14.12 について，$V_1(t)$ および $V_2(t)$ を求めよ．ただし，オペアンプは $\pm E$ の出力ができるものとする．

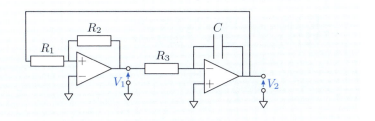

図 14.12　矩形波と三角波を作る発振回路

**14.3** 図 14.3 の発振回路について 1 kHz で発振するように回路パラメータを設計せよ．

**14.4** 上の問題で設計した発振回路について SPICE の過渡解析を行うことにより，動作を確認せよ．

**14.5** 上の問題で SPICE により動作確認した発振回路を実際に作成し，その動作をオシロスコープで確認し，設計値との誤差について議論せよ．

**14.6** 次の図 14.13 の回路は**ウィーンブリッジ発振回路**と呼ばれ，2 個のキャパシタだけで発振する回路である．発振条件と，そのときの発振周波数を求めよ．

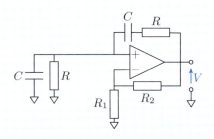

図 14.13　ウィーンブリッジ発振回路

**14.7** 回路シミュレータを用いて複数の発振器を結合させた場合の現象を観察せよ．

**14.8** 生物がリズムを作る仕組みを考えてみよ．

# 付録 A
# 電磁気学の基礎

## A.1 点電荷と電界

　真空中に静止している点電荷 $q$ のまわりの空間には**電界（電場）**ベクトル $E$ が存在する．点電荷から距離 $r$ 離れたところの電界は，外に向く方向の単位ベクトルを $r$ として，

$$E = \frac{q}{4\pi\epsilon_0 r^2} r$$

と書ける．ただし，$\epsilon_0$ は真空の**誘電率（電気定数）**である．また，点電荷から距離 $r$ のところの**電位（スカラーポテンシャル）** $\varphi$ は

$$\varphi = \frac{q}{4\pi\epsilon_0 r}$$

で与えられる．

　一方，点電荷 $q$ を中心とする球面 $S$ に対する**電束密度**ベクトル $D$ をガウスの法則により

$$q = \int_S D \cdot dS = 4\pi r^2 |D|$$

と定義すると，

$$D = \frac{q}{4\pi r^2} r$$

となり，真空中では

$$D = \epsilon_0 E$$

が成立している．また，点電荷は理想的なモデルであるが，半径 $a$ の球内に**電荷密度** $\rho$ で均一に分布しているとすると，

$$q = \frac{4}{3}\pi a^3 \rho$$

と書ける．

## A.2 線電流と磁界

　真空中の無限長直線上にある一定電流 $i$ が，直線から距離 $r$ のところに作る**磁界（磁場）**の大きさ $H$ は**アンペールの法則**により

$$H = \frac{i}{2\pi r}$$

で与えられる．実際には，磁界はベクトル量 $\boldsymbol{H}$ であり無限長直線電流を囲む半径 $r$ の円周 $l$ で積分した形

$$i = \int_l \boldsymbol{H} \cdot dl = 2\pi r H$$

から導出される．また，大きさをもたない直線上の線電流は理想的なものであるが，半径 $a$ の導体線の断面に**電流密度ベクトル $\boldsymbol{J}$** で均一に分布しているとすると，導体断面の面積ベクトルを $\boldsymbol{S}$ として

$$i = \boldsymbol{J} \cdot \boldsymbol{S} = \pi a^2 |\boldsymbol{J}|$$

と表現できる．

　また，一般の形状の電流を考える場合は，電流素片 $i\Delta l$ が距離 $r$ の点に作る磁界を $\Delta H$ として**ビオ–サバールの法則**により

$$\Delta H = \frac{i\Delta l}{4\pi r^2} \sin\theta$$

が知られている．ただし，$\theta$ は電流の向きと $r$ 方向のベクトルのなす角である．この式を利用すると半径 $r$ の円電流がその中心に作る磁界は $\theta = \frac{\pi}{2}$ なので

$$H = \frac{2\pi r i}{4\pi r^2} = \frac{i}{2r}$$

であることが導出できる．

　導線を円筒状に巻いた単位長さ当たりの巻き数 $n$ のソレノイド内部の磁界の大きさは

$$H = ni$$

で与えられる．一方，真空中では**磁束密度ベクトル $\boldsymbol{B}$** と磁界ベクトル $\boldsymbol{H}$ は**真空の透磁率（磁気定数）**$\mu_0$ により

$$\boldsymbol{B} = \mu_0 \boldsymbol{H}$$

で結ばれている．したがって，均一な磁束密度 $\boldsymbol{B}$ が面積ベクトル $\boldsymbol{S}$ を通過する場合の磁束 $\phi$ は，

$$\phi = \boldsymbol{B} \cdot \boldsymbol{S}$$

で与えられる．磁束と電圧の関係はファラデーの電磁誘導の法則

$$v = \frac{d\phi}{dt}$$

で与えられる[†].

---

[†] $v$ の符号は回路で考えるときと同じ向き．

# 略　解

## 1章

■**1.1**　例えば，(A) 論理回路，(B) フラッシュメモリ，(C) アンテナ，(D) DC–DC コンバータ，(E) リチウムイオン電池，(F) ワイヤレスエネルギー伝送．

■**1.2**　例えば，モータは電気エネルギーを力学的エネルギーに変換．ローレンツ力を利用．変換効率は 90% 以上．

■**1.3**　例えば電子ギターは物理的な振動を電磁誘導で電気信号に変えて増幅し，スピーカで出力．

## 2章

■**2.1**　節点電位は，左の回路で $v_a = v_1$, $v_b = 0$, $v_c = -v_2$，右の回路で $v_a = v_1 + v_2$, $v_b = v_2$, $v_c = 0$．枝電圧は，どちらの回路でも $v_1 = v_a - v_b$, $v_2 = v_b - v_c$．

■**2.2**　$i = -J$

■**2.3**　真理値表は**表 B.1** のとおり．

■**2.4**　例えば次の回路（**図 B.1**）．

表 B.1

| $A$ | $B$ | $C$ | $D$ |
|---|---|---|---|
| 0 | 0 | 0 | 1 |
| 0 | 0 | 1 | 0 |
| 0 | 1 | 0 | 1 |
| 0 | 1 | 1 | 0 |
| 1 | 0 | 0 | 1 |
| 1 | 0 | 1 | 0 |
| 1 | 1 | 0 | 0 |
| 1 | 1 | 1 | 0 |

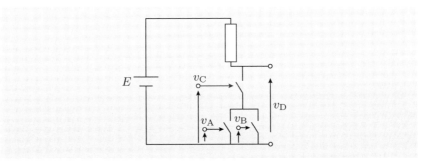

図 B.1

■**2.5**　トランジスタ，リレーなど．

## 3章

■ **3.1** $\frac{r}{2}$ と $\frac{r}{2}$ が直列で，合成抵抗も $r$.

■ **3.2** 開放電圧から理想電圧源 $V$，電圧源を短絡した場合の内部抵抗 $r_2$ より図 B.2 のようになる．$r_1$ は無くても電源としては等しいことがわかる．

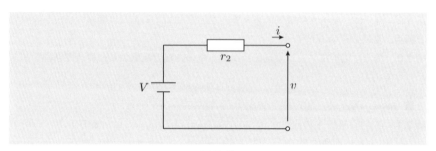

図 B.2

■ **3.3** $R = r$ のとき．

■ **3.4** 電源から出力される電力 $\frac{V^2}{R+r}$，$r$ で消費される電力 $r\frac{V^2}{(R+r)^2}$，$r$ で消費される電力 $R\frac{V^2}{(R+r)^2}$ となり，供給と消費がバランスしている．

■ **3.5** 例えば，発電機の整流子．

## 4章

■ **4.1** インダクタの電流 $i$ について
$$L\frac{di}{dt} + Ri = E$$

■ **4.2** $RLC\frac{d^2i}{dt^2} + \left(L + R^2C\right)\frac{di}{dt} + 2Ri = E\cos\omega t$

■ **4.3** $RLC\frac{d^2i}{dt^2} + \left(L + R^2C\right)\frac{di}{dt} + 2Ri = RJ\cos\omega t$

## 5章

■ **5.2** $x(t) = e^{-t}\sin t$

■ **5.3** $\frac{d^2v}{dt^2} - (\lambda + \lambda^*)\frac{dv}{dt} + \lambda\lambda^* v = 0$

■ **5.4** $\int_0^\infty i^2 R\, dt = \frac{v_0^2}{R}\int_0^\infty e^{-\frac{2t}{CR}}\, dt = \frac{Cv_0^2}{2}$

■ **5.5** $R = 2\sqrt{\frac{L}{C}}$

## 6章

**6.1** $v_1 = E(1 - e^{-\frac{R}{L}t})$, $v_2 = Ee^{-\frac{R}{L}t}$, $i = \dfrac{E}{R}$

**6.2** インダクタから供給されるエネルギーは $\dfrac{CE^2}{2}$，電池から供給されるエネルギーは $CE^2$．

**6.3** 出力電流は $i_R = 0.03\,\text{A}$ となる．式 (6.14), (6.15), (6.16), (6.17) のすべてにおいて変化量が十分小さいことから $\Delta t_1 = \Delta t_2 \ll 1\,\text{ms}$ が条件となる．

**6.4** $v_C = \dfrac{\Delta t_1}{\Delta t_1 + \Delta t_2}E$

## 7章

**7.1** $x = e^{-t} + e^{-2t} + \cos t + 3\sin t$

**7.2** 複素化して虚数部をとれば良い．

$$x = \frac{\omega}{1 + \omega^2}e^{-t} + \frac{\sin(\omega t - \theta)}{\sqrt{1 + \omega^2}}, \quad \sin\theta = \frac{\omega}{\sqrt{1 + \omega^2}}$$

**7.3** $v_C = \dfrac{E}{\sqrt{1 + (\omega CR)^2}}\cos(\omega t - \theta), \quad \tan\theta = \omega CR$

$i = C\dfrac{dv_C}{dt} = -\dfrac{\omega CE}{\sqrt{1 + (\omega CR)^2}}\sin(\omega t - \theta)$

$v_R = -\dfrac{\omega CRE}{\sqrt{1 + (\omega CR)^2}}\sin(\omega t - \theta)$

**7.5** $v_1 = \dfrac{R}{\sqrt{R^2 + (\omega L)^2}}\cos(\omega t - \theta_1), \quad \tan\theta_1 = \dfrac{\omega L}{R}$

$v_2 = \dfrac{\omega CR}{\sqrt{R^2 + (\omega CR)^2}}\cos\left(\omega t - \theta_2 + \dfrac{\pi}{2}\right), \quad \tan\theta_2 = \omega CR$

$i = \dfrac{E}{R}$

## 8章

**8.1** $R_1 R_3 = R_2 R_4$, $L = CR_1 R_3$

**8.2** $P = \dfrac{|E|^2}{\omega L}\sin\delta$ より $\delta = \dfrac{\pi}{2}$ のとき最大．図示すると**図 B.3** のようになる．

**8.3** インダクタンス負荷の場合，$E, V$ ともに $I$ から位相が $\dfrac{\pi}{2}$ 進み，$|V| = |E| - \omega L|I|$ となる．キャパシタンス負荷の場合も同様に考えると，$\omega < \dfrac{1}{\sqrt{LC}}$ では，$|V| = |E| + \omega L|I|$，$\omega > \dfrac{1}{\sqrt{LC}}$ では，$|V| = -|E| + \omega L|I|$．フェーザを図示すると**図 B.4** になる（$\omega_0 = \dfrac{1}{\sqrt{LC}}$）．また，特性を図示すると**図 B.5** になる．$\omega = \omega_0$ のときは，共振により $|I|$ は無限大になる．

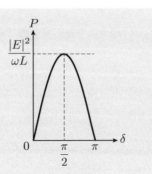

図 B.3

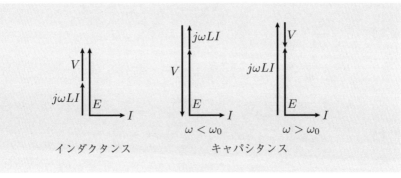

図 B.4

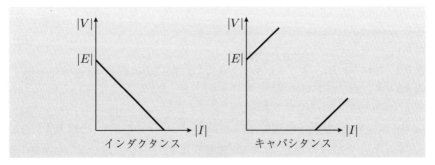

図 B.5

## 10 章の略解

■ **8.4** $I = \dfrac{E_a + E_b + E_c}{Z} = \dfrac{E(1 + e^{-j\frac{2}{3}\pi} + e^{j\frac{2}{3}\pi})}{Z} = 0$

■ **8.5** 楽器，地震によるビルの揺れなど．

## 9 章

■ **9.1** $V_2 = \dfrac{j\omega CR}{1+j\omega CR}E$．$\omega_0 = \dfrac{1}{CR}$ 程度より高い角周波数を通すハイパスフィルタ．

■ **9.2** $V_2 = \dfrac{j\left(\omega L - \frac{1}{\omega C}\right)}{R + j\left(\omega L - \frac{1}{\omega C}\right)}V_1$ で共振周波数付近をカットするノッチフィルタ．

■ **9.3** $A = 1 + j\omega CR$, $B = R$, $C = j\omega C$, $D = 1$．

■ **9.4** $\dfrac{V_2}{E} = \dfrac{-j\omega MR}{\omega^2(M^2 - L_1 L_2) + j\omega L_1 R}$, $\dfrac{I_2}{I_1} = \dfrac{-j\omega M}{R + j\omega L_2}$．

密結合では，$\dfrac{V_2}{E} = -\sqrt{\dfrac{L_2}{L_1}}$, $\dfrac{I_2}{I_1} = \dfrac{-j\omega\sqrt{L_1 L_2}}{R + j\omega L_2}$．

理想変成器では，$\dfrac{V_2}{E} = -\sqrt{\dfrac{L_2}{L_1}}$, $\dfrac{I_2}{I_1} = -\sqrt{\dfrac{L_1}{L_2}}$．

## 10 章

■ **10.1** 終端における電圧反射係数は $-\frac{1}{2}$，始端における電圧反射係数は $-1$ になるので，図 **B.6** のようになる．電圧は $E$，電流は $\frac{3E}{Z_0}$ に収束し，これは分布定数線路部分が最終的には等電位の導線と同じ扱いになることを示している．

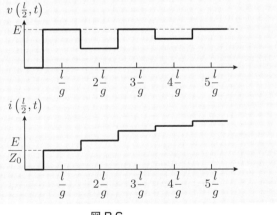

図 **B.6**

■ **10.2** $|V(x)| = |\sqrt{2}\,V_0 \sin\beta(l-x)|$, $|I(x)| = \left|\dfrac{\sqrt{2}\,V_0}{Z_0}\cos\beta(l-x)\right|$．波形は図 **B.7** のようになる．

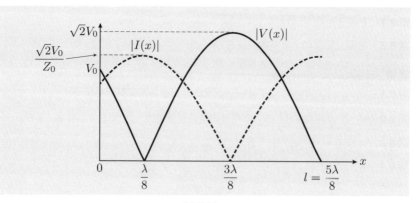

図 B.7

■ **10.3** $\lambda = \frac{2\pi}{\beta}$ として，インピーダンスが 0 になるのは，電圧定在波の節になるときなので，$l = \frac{n\lambda}{2}, n = 1, 2, 3, \ldots$ のとき．インピーダンスが $\infty$ となるのは，電流定在波の節のときなので，$l = \frac{\lambda}{4} + \frac{n\lambda}{2}, n = 0, 1, 2, \ldots$ のとき．これらのときは，共振となる．

■ **10.4** $\dfrac{V(0)}{I(0)} = Z_0 \dfrac{1 + \Gamma_{\mathrm{v}} e^{-2j\beta l}}{1 - \Gamma_{\mathrm{v}} e^{-2j\beta l}}$

# 11 章

■ **11.1** 図 B.8 のように，$x$ 軸上で強め合う．これは図 11.8 の遠方界に対応する．一方，$y$ 軸方向には電磁波は出ない．

■ **11.2** 図 B.9 のように，$x$ 軸上負の方向のみ強め合う．一方，$x$ 軸正方向には電磁波は出ない．このように 1 方向だけに電磁波を出すことができる．

■ **11.3** 遠方界のパターンは
$$E = E_0 \left\{ e^{-j\left(\frac{\pi}{4}\cos\theta + \frac{\pi}{4}\right)} + e^{j\left(\frac{\pi}{4}\cos\theta + \frac{\pi}{4}\right)} \right\} = 2E_0 \cos\left(\frac{\pi}{4} + \frac{\pi}{4}\cos\theta\right)$$

■ **11.4** $E_N = E(1 + e^{j\psi} + e^{2j\psi} + \cdots + e^{N\psi}), \psi = \frac{2\pi d}{\lambda}\cos\theta$ と書ける．したがって，
$$E_N = E\frac{1 - e^{jN\psi}}{1 - e^{j\psi}} = Ee^{j\frac{n-1}{2}\psi} \frac{\sin\frac{N\psi}{2}}{\sin\frac{\psi}{2}}$$

となり，$\theta = \frac{\pi}{2}, \frac{3\pi}{2}$ 方向が最大で $N$ 倍の電界になると同時に，ビームの幅（$N = 1$ で $2\pi$）は約 $\frac{1}{N}$ になり，鋭い指向性をもつ．このように，多くのアレイを構成することで，ビームを絞ることができる．

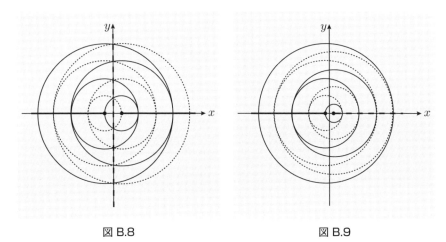

図 B.8　　　　　　　図 B.9

## 13 章

- **13.1**　$V_2 = V_1 + \dfrac{R_2}{R_1}(V_1 - V_1')$
- **13.2**　$V_2 = \dfrac{R_2}{R_1}(V_1' - V_1)$
- **13.3**　$V_2 = -CR\dfrac{dV_1}{dt}$
- **13.4**　$V = -\dfrac{R_1}{R_2}RI$

## 14 章

- **14.1**　図 B.10 のようになる.
- **14.2**　図 B.11 のように，$V_1$ は矩形波，$V_2$ はその積分の三角波になる.
- **14.6**　$\dfrac{R_2}{R_1} = 2,\ \omega = \dfrac{1}{CR}$

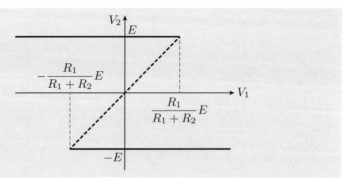

図 B.10

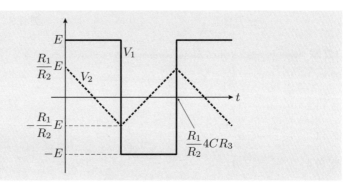

図 B.11

# 索　引

## あ　行

アドミタンス　86
安定　177
アンテナ　127
アンペールの法則　40, 130, 131, 187

移相型発振回路　181
位相差　94
位相定数　121
一次従属　56
一次独立　56
一般解　50
インダクタ　40
インダクタンス　40
インピーダンス　86
インピーダンス変換　105, 161

ウィーンブリッジ発振回路　185

エネルギー　3, 39, 41
エネルギーインフラ　94
エネルギー収穫　157
エネルギー保存　32
エミッタ　147
遠方界　134

オイラーの関係式　54
オームの法則　25
オペアンプ　158, 162

## か　行

開放電圧　28
回路シミュレータ　148
回路方程式　30
ガウスの法則　130, 186
カオス　175
仮想短絡　163
カットオフ角周波数　98
過渡解析　150
干渉　136

帰還　163, 174
基準節点　14
基準電位　158, 162
寄生素子　111
逆飽和電流　144
キャパシタ　38
キャパシタンス　38
境界　15
共振　89, 106
共振周波数　89
共役複素数　55
極座標　55
虚数部　55
キルヒホッフの電圧則　17
キルヒホッフの電流則　16
キルヒホッフの法則　17, 85

クロック　113

ゲート　147
結合共振回路　153
結合係数　103, 153

コイル　40
降圧コンバータ　156
合成抵抗　26
光速　113
後退波　117
交流　18
固定端　123
固有振動数　60
コレクタ　147
コンダクタンス　25
コンデンサ　38
コンパレータ　173

## さ　行

最大電力　95
最大電力伝送　36
サイバーフィジカルシステム　4
差動増幅回路　172
三相回路　96

磁界　187
閾値　19
磁気定数　132, 187
指数関数　49
磁束　40, 42, 129
磁束密度　130, 187
実数部　55
時定数　51
磁場　187
時変システム　149
周期　60
縦続行列　109

自由端　123
集中定数素子　113
周波数特性　97
出力インピーダンス　161
受動素子　162
シュミットトリガ回路　177
瞬時電力　32, 92
昇圧回路　69
状態変数　43
情報　3
真空の透磁率　132, 187
真空の特性インピーダンス　135
真空の誘電率　132, 186
信号処理　98
振動現象　184
真理値表　7

スイッチ　19
スカラーポテンシャル　130, 132, 186

正帰還　174
制御端子　19
制御電源　18, 157
整合終端　119
整流　35
積分回路　170
節点　14
節点電位　14
前進波　117

相互インダクタンス　103
相反性　103
増幅　157
ソース　147
損失のある電気振動　61

## た 行

ダイオード　34, 144
ダイオードブリッジ　35
対数　98, 143
ダランベールの解　116
端子　13
単導体線路　127

遅延　113, 132
チャタリング　102
直列共振回路　44, 80, 88
直列接続　26

抵抗　25
定在波　122
定常波　122
デシベル　143
テブナンの等価電源　29
デューティ比　71, 149
テレゲンの定理　32
電圧　13, 42, 129
電圧源　18
電圧制御スイッチ　19, 146
電圧制御電圧源　160
電位　13, 130, 186
電位差　13
電荷　38, 42, 129
電界　129, 186
電荷密度　130, 186
電気回路　13
電気振動　60
電気定数　132, 186
電源　18
電磁結合　103
電磁波　127
電磁波の特性インピーダンス　135

電信方程式　115
伝送線路　113
電束密度　130, 186
伝達関数　98
電場　186
電流　13, 42, 129
電流源　18
電流密度　130, 187
電力　32
電力系統　96
電力量　32

同次方程式　49
特殊解　62
特性インピーダンス　117
特性方程式　50
独立電源　18
特解　62
ドレイン　147

## な 行

内部抵抗　28

入力インピーダンス　161

ネガティブフィードバック　174
ネットワーク　14

能動素子　100, 162

## は 行

ハイパスフィルタ　101
バイポーラトランジスタ　147
波長　121, 124
発振　175
バッファ　100
波動方程式　115

腹　123
パルス幅変調　150
パワーエレクトロニクス　72
反射係数　119
反転増幅　166
反転増幅器　166
半導体　143
バンドパスフィルタ　102
半波長ダイポールアンテナ　139
判別式　56

ビオ–サバールの法則　132, 187
比較器　173
微小ダイポール　133
ヒステリシス　177
非線形素子　145
皮相電力　93
非同次方程式　49, 62
非反転増幅　165
微分　38
微分回路　172
微分方程式　37

ファラデーの電磁誘導の法則　40, 131,
　188
不安定　177
フィードバック　163, 174
フィルタ　98
フーリエ変換　99
フェーザ　85
フェーザ図　88
フェランチ効果　96
フォトダイオード　159
フォトトランジスタ　159
フォロワ　163
負荷抵抗　69

負帰還　174
複素化　75
複素電力　93
複素平面　54
節　123
負性抵抗　172
ブリッジ　31
プルアップ　146
プルダウン　146
ブレークダウン電圧　144
不連続　52
分布定数線路　113

平均電力　93
並列共振回路　45
並列接続　26
閉路　17
ベース　147
ベクトルポテンシャル　130, 132
変圧器　103
変位電流　131
偏角　54
偏光　134
偏波　134
偏微分方程式　37

ホイートストンブリッジ　31
飽和　167
ポート　15
ポジティブフィードバック　174

## ま　行

マクスウェルの方程式　131
マクスウェルブリッジ　95

密結合　104

無効電力　93

メモリスタ　42

## や　行

有効電力　93

容量　38

## ら　行

力率　93
理想スイッチ　19
理想変圧器　105
量子力学　99, 143
両対数　98, 102
リレー　146

レーダ　120

ローパスフィルタ　98
論理演算　20
論理合成　22

## わ　行

ワイヤレスエネルギー伝送　106, 153

## 英　数

AC 解析　153
A/D 変換器　173

D/A 変換器　173
DC–DC コンバータ　69, 149

EMC　111

$kQ$　107, 153

LED　34
LTspice　148

MOS トランジスタ　147
NAND　20
NOR　21
NOT　20

PWM　150

$Q$ 値　90, 153

SPICE　148

2 ポート回路　97
4 端子法　31

著者略歴

久門　尚史
（ひさかど　たかし）

1997年9月　京都大学大学院工学研究科
　　　　　　電気工学専攻博士課程修了
　　　　　　京都大学　博士（工学）
現　　　在　京都大学大学院工学研究科准教授

電気・電子工学テキストライブラリ＝A1
電気電子工学入門
──電磁気現象の理解から機能の実現へ──

2024 年 9 月 10 日 © 　　　　初 版 発 行

著者　久門尚史　　　　発行者　矢沢和俊
　　　　　　　　　　　印刷者　山岡影光
　　　　　　　　　　　製本者　小西惠介

【発行】　　　株式会社　数理工学社

〒151–0051　東京都渋谷区千駄ヶ谷 1 丁目 3 番 25 号
編集 ☎ (03) 5474–8661 (代)　　　サイエンスビル

【発売】　　　株式会社　サイエンス社

〒151–0051　東京都渋谷区千駄ヶ谷 1 丁目 3 番 25 号
営業 ☎ (03) 5474–8500 (代)　　振替 00170–7–2387
FAX ☎ (03) 5474–8900

印刷　三美印刷（株）　製本　（株）ブックアート
《検印省略》

本書の内容を無断で複写複製することは，著作者および
出版者の権利を侵害することがありますので，その場合
にはあらかじめ小社あて許諾をお求め下さい.

ISBN978–4–86481–117–0
PRINTED IN JAPAN

サイエンス社・数理工学社の
ホームページのご案内
https://www.saiensu.co.jp
ご意見・ご要望は
suuri@saiensu.co.jp まで.

━━━━ 電気・電子工学テキストライブラリ ━━━━

# 電気電子工学入門
電磁気現象の理解から機能の実現へ

久門尚史著　2色刷・A5・並製・本体2450円

# 電気電子数学基礎
ベクトル幾何・解析

近藤弘一著　2色刷・A5・並製・本体2100円

# 過渡現象論
理論と計算方法を学ぶ

馬場吉弘著　2色刷・A5・並製・本体1850円

# 高電圧工学概論
基礎から実践まで

脇本隆之著　2色刷・A5・並製・本体2200円

# 伝送線路論
電磁界解析への入門

出口博之著　2色刷・A5・並製・本体2150円

# 電磁波工学

大平昌敬著　2色刷・A5・並製・本体2100円

# 演習で学ぶ 電気磁気学
詳細な解説と解答による

吉門進三著　2色刷・A5・並製・本体2400円

＊表示価格は全て税抜きです.

━━━━ 発行・数理工学社／発売・サイエンス社 ━━━━